Wolf Richard Günzel

Der hummelfreundliche Garten

Lieber Papa,

damit nicht nur Du fleissig
wie eine Hummel bist,
stellen wir Dir einen richtigen
Hummelkasten in den Garten!
Viel Spaß
Den Oli

Wolf Richard Günzel

Der hummelfreundliche Garten

Nisthilfen • Blütenpflanzen • Gartengestaltung

illustriert von Margret Schneevoigt

pala
verlag

Inhalt

Die Hummel – prachtvoll und sympathisch

Zu Wespen oder Bienen haben wir im Allgemeinen ein differenzierteres Verhältnis als zu farbenprächtigen Schmetterlingen oder Marienkäfern, bei deren Anblick wir spontan Freude empfinden, weil wir sie seit unserer Kindheit als liebenswerte, harmlose Geschöpfe kennen. Ebenso wissen wir von Kindesbeinen an, dass man Wespen und vor allem ihren Riesenschwestern, den Hornissen, nicht über den Weg trauen kann und Honigbienen sehr nützliche Insekten sind, die allerdings auch stechen können.

Hummeln ordnen wir mit unserem menschlichen Blick ganz anders ein: Wir betrachten sie nicht als Riesenbienen, deren Weibchen im Hinterleib einen Giftstachel haben, sondern kennen Hummeln als gutmütige Tiere, die berechenbar und zudem wunderschön sind und

zu einem Garten gehören. Schon das Summen der pelzigen Langsam-
flieger hört sich viel gemütlicher an als das markante Fluggeräusch
einer Hornisse, bei dem man das Gefühl hat, dass sich ein gefähr-
liches Geschoss im Anflug befindet. Hummeln in ihren prachtvollen
Pelzmänteln sind uns so vertraut, dass wir sie am liebsten streicheln
möchten. Was uns an Hummeln fasziniert, ist die Beharrlichkeit, mit
der sie trotz aller Hindernisse ihr Leben meistern. Wenn uns Kälte und
Graupelschauer den Frühling vermiesen, rücken Hummelköniginnen
aus, um Nahrung zu sammeln. Sie verschwinden in Blütenröhren,
nur um ein paar Tröpfchen Nektar zu saugen, und heben schließlich wie kleine Transporthubschrauber ab, um irgendwo zwischen
abgestorbenen Gräsern und Blättern ein Nest zu gründen.

Die »unbeholfenen, brummigen« Hummeln

Zwischen Menschen und Hummeln gab es zu allen Zeiten so etwas
wie eine friedliche Koexistenz. Hummeln waren für den Menschen
weder schädliche noch lästige Tiere und im Gegensatz zu den
Honigbienen lohnte es auch nicht, sich ihrer Honigvorräte zu be-
mächtigen, denn Hummeln leben in ihren kleinen Sommerstaaten
praktisch selbst nur von der Hand in den Mund.

Als man sich mit der Biologie und Lebensweise von Hummeln
erstmals wissenschaftlich etwas näher befasste, wurden tatsächliche
Gegebenheiten zunächst oft außer acht gelassen. Hummeln wurden
mitunter ein wenig von oben herab betrachtet. So können wir in
Brehms »Tierleben« lesen: »Die unbeholfenen, brummigen Hummeln, jene Bären unter den Kerfen, in unterirdischen Höhlen kunstlos
nistend, sind eigentlich nichts gegen die hochgebildeten Bienen in
ihren großen Städten, nichts gegen die tyrannischen Wespen und
Hornissen in ihren papierenen und pappenen Zwingburgen ...«

An anderer Stelle berichtet Alfred Brehm in seinem »Tierleben«
über eine Beobachtung des Schweizer Gelehrten François Huber.
Huber erlangte mit seinem 1792 veröffentlichten Werk »Neue Be-

obachtungen über Bienen« Anerkennung und wurde in Fachkreisen auch »Bienen-Huber« genannt. Bei dem von Brehm genannten Text handelt es sich um ein »… artiges Geschichtchen, aus welchem die Gutmüthigkeit der Hummeln und ihr Verhalten zu denen hervorgeht, die sie zu beeinträchtigen suchen. In einer Schachtel hatte er unter einem Bienenstocke ein Hummelnest aufgestellt. Zur Zeit großen Mangels hatten einige Bienen das Hummelnest fleißig besucht und entweder die geringen Vorräthe gestohlen oder gebettelt, kurz, diese waren verschwunden. Trotzdem arbeiteten die Hummeln unverdrossen weiter. Als sie eines Tages heimgekehrt waren, folgten ihnen die Bienen nach und gingen nicht eher davon, bis sie ihnen auch diesen geringen Erwerb abgetrieben hatten. Sie lockten die Hummeln, reichten ihnen ihre Rüssel dar, umzingelten sie und überredeten sie endlich durch diese Künste, den Inhalt ihrer Honigblase mit ihnen zu theilen. Die Hummeln flogen wieder aus, und bei der Rückkehr fanden sich auch die Bettler wieder ein. Ueber drei Wochen hatte dies Wesen gedauert, als sich auch Wespen in gleicher Absicht wie die Bienen einstellten; das wurde dann doch den Hummeln zu bunt, denn sie kehrten nicht wieder zu ihrem Neste zurück.«

Diese Interpretation einer Beobachtung erklärt sich aus der Sichtweise des Naturforschers François Huber und entspricht nicht dem heutigen Stand der Wissenschaft. Weder Honigbienen noch Wespen bedienen sich an den Nektarvorräten von Hummeln.

Hummelbiologie

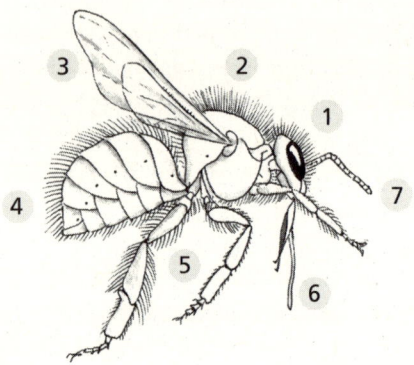

Der Körperbau

- **1. Kopf (Caput):** Der Hummelkopf ist ein sensibles Empfangsorgan für optische und mechanische Reize. Die zwei großen Komplexaugen setzen sich aus mehreren tausend Einzelaugen zusammen, die jedes für sich optisch isoliert sind. Jedes Einzelauge gleicht einer kleinen Linse. Die Augen liefern der Hummel etwa zweihundert Einzeleindrücke aus dem Nahbereich oder Fernbereich pro Sekunde, die sich zu einem mosaikartigen Gesamtbild zusammenfügen. Drei zusätzliche Punktaugen dienen der Wahrnehmung von Hell und Dunkel.
- **2. Brust (Torax):** Der Brustabschnitt trägt wie der Hinterleib vorwiegend die Flugmuskulatur. Er gliedert sich in drei Segmente, von denen jedes ein Beinpaar trägt.
- **3. Vier Flügel:** Die beiden Flügelpaare bestehen aus zwei deutlich größeren Vorderflügeln und zwei kleineren Hinterflügeln. Beim Fliegen sind die Vorderflügel und die Hinterflügel durch Häkchen miteinander verbunden, sodass sie eine große Tragfläche bilden.

- **4. Hinterleib (Abdomen):** Der Hinterleib besteht sowohl auf der Oberseite als auch auf der Unterseite aus sechs beweglichen und robusten Segmenten, die die Weichteile des Hummelkörpers schützen. Bei Königin und Arbeiterin befinden sich in den drei hinteren Segmenten die Wachsdrüsen und am Ende des Hinterleibs findet sich – wie bei allen weiblichen Tieren einer Bienenart – ein Giftstachel.
- **5. Drei Beinpaare:** Jedes der sechs Beine gliedert sich in Schenkel, Schiene, Fuß und Klaue. Das vordere Beinpaar dient der Hummel zur Ernte von Pollen und zum Putzen von Zunge und Fühlern. Mit den Mittelbeinen wird der Pollen durch die Fersenbürsten der Hinterbeine gezogen und so ausgekämmt. Das dritte Beinpaar trägt bei Königin und Arbeiterin den Pollensammelapparat, zwei Körbchen auf den Innenseiten der Schienen. Diese »Beintaschen« dienen zum Sammeln und Transportieren des Pollens.
- **6. Zunge:** Am vorderen Teil des Kopfes befinden sich die Mundwerkzeuge, bestehend aus zwei kräftigen Kiefern und der Zunge, dem in Ruhe mehrfach zusammengelegten Saugrüssel.
- **7. Zwei Fühler:** Die beiden Fühler sind aus Sinneszellen zusammengesetzte Navigationsorgane. An der Verformung dieser sensiblen »Antennen« kann die Hummel den Fahrtwind messen. So weiß sie, wie schnell sie fliegt oder wie stark sie ihre Fluggeschwindigkeit drosseln muss, um sicher auf einer Blüte zu landen.

Die innere Wärmepumpe

Obwohl Hummeln wie alle Insekten wechselwarme Tiere sind, können sie innerhalb bestimmter Grenzen weitgehend unabhängig von der Umgebungstemperatur leben. Während eine Honigbiene bei einer Außentemperatur von 6 °C erst gar nicht ihren Stock verlässt, kann eine Hummelarbeiterin bei dieser Temperatur zu Sammelflügen starten, wenn sie ihre innere Wärmepumpe vorher in Bewegung setzt, und Hummelköniginnen können Blüten selbst dann noch befliegen, wenn die Umgebungstemperatur bei etwa 2 °C liegt.

Beinahe der ganze Brustraum der Hummel ist mit Flugmuskeln vollgepackt und durch permanentes Muskelzittern heizt sich das »kaltblütige« Insekt so lange auf, bis es die erforderliche Flugtemperatur erreicht. Diese liegt bei wenigstens 30 °C und eine Hummelkönigin muss zum Erreichen dieser Temperatur – je nach Außentemperatur – etwa fünfzehn Minuten mit den Muskeln zittern, bevor sie abheben kann. Die beiden hintereinanderliegenden Flügelpaare sind beim Flug durch Häkchen miteinander verbunden. Beim Fliegen kreisen sie wie die Rotoren eines Hubschraubers, erzeugen kleine Luftwirbel und sorgen so für Auftrieb. Dabei muss die Hummel etwa zweihundertmal in der Sekunde mit den Flügeln schlagen, um sich in der Luft zu halten.

Lange Zeit hielt sich die fälschliche Meinung, dass Hummeln und ähnliche Insekten nach den Gesetzen der Aerodynamik eigentlich gar nicht fliegen können, weil ihr Gewicht im Verhältnis zur Flügelfläche dafür zu groß sei. Erst als Physiker Motten im Rahmen eines Versuchs im Windkanal fliegen ließen und dabei die Luftströmung fotografierten, weiß man von den kleinen, bis dahin unbekannten Luftwirbeln, welche die Flügel erzeugen. Diese Wirbel ziehen aufgrund eines Unterdrucks an den Flügelspitzen an den Flügeln entlang und sorgen so für Auftrieb beim Flug.

Erstaunlicherweise kann ein so kleines Tier wie die Hummel die intern erzeugte Körperwärme relativ lange aufrechterhalten. Umhüllt von einem dichten Haarpelz, der isoliert und Wärme speichert, gelingt es einigen Hummelarten auch bis in die Arktis oder in höhere Gebirgsregionen vorzustoßen.

An heißen Sommertagen kann eine Hummel aufgrund ihrer Flugaktivität und der dabei entstehenden Wärme sowie aufgrund ihres besonderen Körperbaus leicht »überhitzen« und würde ihre Körpertemperatur auf über 45 °C ansteigen, könnte sie nicht mehr fliegen. Sie besitzt deshalb auch die Fähigkeit zur aktiven Wärmeregulation. Vereinfacht dargestellt, geschieht dies durch einen kühlen Blutstrom aus dem Hinterleib und einem warmen Blutstrom aus dem Brustraum, die jeweils aufeinanderzufließen und nach zwei langen Schleifen die enge Hummeltaille passieren, wo es zu einem Wärmeaustausch kommt. Schaltet die Hummel bei Überhitzung ihre innere Wärmepumpe ab, wird der Blutstrom nach vorne unterbunden und durch Dehnen des Hinterleibes fließt das im Brustraum aufgeheizte Blut nach hinten, wo die überschüssige Wärme durch ein »Wärmefenster« nach außen abgeleitet wird. Dieses »thermische Fenster« – eine wenig behaarte Stelle an der Unterseite des Hinterleibs – dient nicht nur zum Absenken der Körpertemperatur. Die Abwärme aus ihrem Hinterleib nutzt eine Hummelkönigin auch als Heizquelle für ihre Brut und indem sie sich beim Wärmen wie eine Hühnerglucke über der Brutzelle ausbreitet, erreicht sie, dass möglichst wenig davon verloren geht. Wird es zu kalt, schalten Hummeln ihre innere »Standheizung« durch intensive Muskelarbeit wieder ein.

Hummeln können auch stechen

Honigbienen und soziale Wespen, allen voran die Hornisse, sind wegen ihrer Stiche allgemein gefürchtet. Hummeln dagegen traut man einen Stich eigentlich gar nicht zu. Sie sind schön, wirken ein wenig unbeholfen und wenn sie, vor Kälte gelähmt, auf einer Blüte sitzen, haben wir eher Mitleid mit ihnen.

Trotzdem: Ein Hummelweibchen hat, wie alle Stechimmen, einen Giftstachel im Hinterleib, mit dem allerdings nur wenige Menschen Bekanntschaft machen.

Man kann eine kälteklamme Hummel ruhig in die hohle Hand nehmen und durch Anhauchen erwärmen, damit sie wieder fliegen kann. Die erschöpfte Hummel wird nicht stechen und kann es auch gar nicht, weil sie ein völlig anderes Abwehrverhalten als eine Honigbiene oder Wespe hat. Eine Hummel, die sich bedroht fühlt, brummt laut, legt sich auf den Rücken und sucht einen Gegenpol, an dem sie sich mit den Beinen abstützen und in dieser Position stechen kann. Deshalb riskiert man natürlich einen Stich, sollte man vielleicht versuchen, eine Hummel zwischen zwei Fingern festzuhalten.

Bei der Honigbiene verankert sich der Stachel in der Haut des Widersachers. Er wird nach dem Stich aus dem Hinterleib der Biene herausgerissen, wodurch diese innerlich verblutet. Hummeln können dagegen mehrfach stechen, ohne dass sie dabei zugrunde gehen.

Die Gifte der einzelnen Stechimmenarten sind einander sehr ähnlich und auch die Giftmenge, welche die verschiedenen Arten beim Stich verspritzen, ist fast identisch. So ist es beinahe egal, ob man von einer Hornisse, einer Wespe oder Hummel gestochen wird, und der äußerst seltene Mehrfachstich einer Hummel ist zwar schmerzhaft, aber meist harmlos – Gefahr besteht in der Regel allerdings für Menschen, die auf Insektengifte allergisch reagieren. Selbst die als stichfreudig bekannte Deutsche Wespe oder Sächsische Wespe wird einen Menschen selten ohne triftigen Grund stechen. Trotzdem machen wir um ihre Papierballons am Haus oder im Schuppen größere Bögen als um ein Hummelnest. Doch auch die sonst so friedfertigen Hummeln werden ungemütlich, wenn man sie ständig bei ihren Nestarbeiten stört. Dabei sind die kurzrüsseligen Arten offenbar reizbarer als ihre langrüsseligen Schwestern. So reagiert die kurzrüsselige Dunkle Erdhummel und vor allem die Baumhummel aggressiver auf Störungen als die langrüsselige Ackerhummel oder Steinhummel. Wütende Hummeln gehen allerdings nicht sofort zum Angriff über, sondern brummen laut und aufgebracht, bevor sie ausschwärmen und sich auf den Störenfried stürzen. Selbst wenn sie dabei nicht zum Stich kommen, machen die aufgebrachten Brummer zumindest den Eindruck eines wehrhaften Volkes und können mit ihren Mundwerkzeugen auch schmerzhaft zwicken.

Hummelarten

Hummeln sind mit bisher 400 bis 500 bekannten Arten fast weltweit verbreitet – nur in Australien fehlen sie und auf dem afrikanischen Kontinent kommen sie südlich der Sahara und Sahelzone nicht vor. Im tropischen Südamerika leben nur wenige Hummelarten und in Indien, auf Java und Sumatra findet man die pelztragenden Insekten ausschließlich in Bergregionen mit relativ niedrigen Temperaturen. Besonders artenreich sind Hummeln dagegen in den gemäßigten und kühleren Klimazonen der Nordhalbkugel vertreten. Ihr robuster Körperbau, der dichte Haarpelz und die besondere Fähigkeit, den Wärmehaushalt ihres Körpers zu regulieren, ermöglichen es den Tieren, auch unter unwirtlichen Bedingungen zu leben. So finden wir sie noch in Alaska, Grönland oder Lappland – in Landstrichen also, die oberhalb des nördlichen Polarkreises liegen. Die am weitesten nach Norden vorgedrungene Hummelart *Bombus polaris* lebt nicht einmal 1 000 Kilometer vom Nordpol entfernt in einer überwiegend von Kälte und Schnee beherrschten Region, die von anderen Insekten nicht mehr besiedelt wird. *Bombus polaris* ist als Anpassung an diesen Lebensraum zumindest stufenweise zur solitären Lebensweise zurückgekehrt. Aus ihren Eiern entwickeln sich fast nur Königinnen und Männchen, denn der arktische Sommer ist zu kurz, um einen Staat zu begründen, in dem Arbeiterinnen zur Nesterweiterung und Brutpflege herangezogen werden können.

Welche Hummel ist das?

Hummeln zählen wie Honigbienen zur Familie der Echten Bienen, deren besonderes Merkmal es ist, dass sie spezielle Sammelvorrichtungen für Pollen besitzen. Sie verstauen diesen in »Körbchen« an den Hinterbeinen, um ihn als Larvennahrung zu ihren Nestern zu transportieren. In der Gattung Bombus zusammengefasst, bilden Hummeln mit über dreißig in Mitteleuropa vorkommenden Arten die wichtigste Gruppe innerhalb der Echten Bienen.

Die Hummel – eine Biene im Großformat

Hummeln und Honigbienen befliegen oft die gleichen Blüten. Dabei sehen wir bereits mit einem flüchtigen Blick, dass sie rein äußerlich wenig Ähnlichkeit miteinander haben und deshalb mag uns auch die wissenschaftliche Zuordnung der etwas pummeligen Hummeln zur Familie der Bienen (Apidae) als nicht unbedingt logisch erscheinen.

Zoologen, die sich mit anatomischen und stammesgeschichtlichen Unterschieden auskennen, können uns jedoch zeigen, dass Hummeln der Bienengattung Bombus angehören und große Bienen mit sozialer Lebensweise sind.

Die Schar der Bienen besteht dabei nicht nur aus Honigbienen und Hummeln, deren Staaten oder Kolonien von einer langlebigen Mutter, der Königin, gegründet werden und deren Mitglieder die zahlreichen Aufgaben innerhalb der Gemeinschaft arbeitsteilig erfüllen: Die weitaus größte Zahl der Bienen, die wir allgemein als Wildbienen bezeichnen, leistet sich weder Babysitter, Kundschafterinnen oder Sammlerinnen. Ohne fremde Hilfe errichtet ein einzelnes Weibchen in diesen Fällen die Kinderstube für ihren Nachwuchs und sorgt mit dem Eintragen von Nektar und Pollen dafür, dass die aus den Eiern schlüpfenden Larven genügend Nahrung finden.

Unter den Wildbienen finden wir Arten, die nicht größer sind als eine Ameise. Andere, wie Pelzbienen der Gattung Anthopora, erinnern mit ihrem dichten Haarpelz und dem gedrungenen Körperbau an Hummeln und man kann sich sehr gut vorstellen, dass unsere heutigen Hummeln im Laufe der Evolution aus ihnen hervorgegangen und allmählich zu ihrer sozialen Lebensweise übergegangen sind.

Alle Bienen werden gemeinsam mit den Ameisen und Wespen von den Systematikern in der großen Insektenordnung der Hautflügler (Hymenoptera) zusammengefasst. Allein in Mitteleuropa zählt man zu dieser Ordnung etwa 11 000 Arten.

Obwohl beinahe jeder Naturfreund eine Honigbiene von einer Hummel unterscheiden kann, ist das sichere Bestimmen der einzelnen Hummelarten nach rein optischen Merkmalen nur selten möglich, denn selbst innerhalb einer Art gibt es sowohl bezüglich der Körpergrößen als auch bei den Körperfarben deutliche Unterschiede. Als Laie kann man deshalb allenfalls die Geschlechter einer bestimmten Art aufgrund ihrer Körperlängen auseinanderhalten. Grundsätzlich ist eine Königin immer deutlich größer als eine Arbeiterin. Ein Männchen wiederum ist stets kleiner als eine Königin, bei den meisten Arten aber etwas größer als eine Arbeiterin. Zusätzlich gibt es unter den Arbeiterinnen derselben Art jahreszeitlich bedingte Größenunterschiede. Da eine überwinterte Jungkönigin ihre ersten weiblichen Nachkommen meist unter ungünstigen Versorgungsbedingungen heranziehen muss, sind diese oft wesentlich kleiner als ihre später geborenen Schwestern.

Neben den veränderlichen Größen wird die genaue Artbestimmung vor allem durch die individuell variable Färbung des Haarkleides erschwert, die man sowohl bei Königinnen und Arbeiterinnen als auch bei Männchen findet. Die Farbvariationen der schmucken Hummelpelze wurden in früheren Zeiten offenbar auch von Insektenkundlern nicht immer als solche erkannt, sodass neue Arten beschrieben wurden. Erst bei einer genaueren Untersuchung bestimmter körperlicher Merkmale stellte man fest, dass es sich bei den vermeintlich neuen Arten nur um Varietäten einer einzigen Art handelte.

Zusätzliche Schwierigkeiten bei der Arterkennung bereiten Hummeln, die einander täuschend ähnlich sehen, obwohl es sich um verschiedene Arten handelt. Solche Übereinstimmungen im äußeren Erscheinungsbild findet man zum Beispiel bei der Steinhummel, die mit der Grashummel oder Wiesenhummel leicht verwechselt werden kann.

Um wichtige Bestimmungskriterien im Detail zu erkennen, braucht man als naturinteressierter Laie letztlich ein gutes Bestimmungsbuch. Dabei wird man vielleicht feststellen, dass es bei den jeweiligen Artnamen oder Gattungsnamen teilweise mehrere

Synonyme gibt. Diese konkurrierenden Fachbegriffe kommen aufgrund unterschiedlicher Auffassungen der Systematiker zustande, indem einige Wissenschaftler einen eingeführten Namen noch über Jahre nutzen, obwohl er vielleicht nicht mehr dem letzten Stand der Nomenklatur entspricht.

Um sich in der formenreichen Welt der Hummeln zurechtzufinden, genügt jedoch keine noch so exakte Beschreibung oder die Vorstellung der Arten nach einem etablierten Schema. Die faszinierenden Insekten werden bei alleiniger theoretischer Betrachtung Unbekannte bleiben. Nur durch eigene Erfahrungen und Beobachtungen der lebendigen Tiere im Garten und in der freien Natur wird man nach und nach herausfinden, wer sie wirklich sind. Hinweise auf weiterführende Literatur und entsprechende Internetseiten finden Sie ab Seite 150.

Heimische Hummelarten

In Europa wurden bisher 60 bis 70 Hummelarten nachgewiesen, 36 davon in Deutschland. Von den im deutschsprachigen Raum heimischen Arten sind inzwischen 3 Arten ausgestorben (①), 5 weitere gelten als akut gefährdet oder vom Aussterben bedroht (②). Durch die fortschreitende Zivilisation und Verschlechterung ihrer Lebensverhältnisse zeigen aktuell 21 Arten mehr oder weniger ausgeprägte Rückgangstendenzen (③). Dagegen reagieren 7 Arten als Kulturfolger weniger sensibel auf Umweltveränderungen, ihre Bestände bleiben konstant oder nehmen in einigen Fällen sogar zu (④).

- Ackerhummel (Bombus pascuorum) ④
- Alpenhummel (Bombus alpinus) ③
- Armeniacushummel (Bombus armeniacus) ①
- Baumhummel (Bombus hypnorum) ④
- Berghummel (Bombus mesomelas) ③
- Berglandhummel (Bombus monticola) ③

- Bergwaldhummel (Bombus wurfleini) ③
- Cullumanushummel (Bombus cullumanus) ①
- Deichhummel (Bombus distinguendus) ②
- Distelhummel (Bombus soroeensis) ③
- Dunkle Erdhummel (Bombus terrestris) ④
- Eisenhuthummel (Bombus gerstaeckeri) ③
- Erdbauhummel (Bombus subterraneus) ②
- Feldhummel (Bombus ruderatus) ②
- Fragranshummel, Dufthummel (Bombus fragrans) ①
- Gartenhummel (Bombus hortorum) ④
- Grashummel (Bombus ruderarius) ③
- Grauweiße Hummel (Bombus mucidus) ③
- Große Erdhummel (Bombus magnus) ③
- Heidehummel (Bombus jonellus) ③
- Helle Erdhummel (Bombus lucorum) ④
- Höhenhummel (Bombus sicheli) ③
- Kryptarum-Erdhummel (Bombus cryptarum) ③
- Laesushummel (Bombus laesus) ③
- Mooshummel (Bombus muscorum) ②
- Obsthummel (Bombus pomorum) ②
- Pyrenäenhummel (Bombus pyrenaeus) ③
- Samthummel (Bombus confusus) ③
- Sandhummel (Bombus veteranus) ③
- Steinhummel (Bombus lapidarius) ④
- Tonerdhummel (Bombus argillaceus) ③
- Trughummel (Bombus mendax) ③
- Unerwartete Hummel (Bombus inexpectatus) ③
- Veränderliche Hummel (Bombus humilis) ③
- Waldhummel (Bombus sylvarum) ③
- Wiesenhummel (Bombus pratorum) ④

Als Orientierungshilfe für erste Bestimmungen im Garten kann man allgemein davon ausgehen, dass es weniger die seltenen Hummelarten sind, die uns besuchen, als vielmehr jene Arten, die wir allgemein als Kulturfolger bezeichnen und die im Folgenden in kurzen Porträts vorgestellt werden.

Ackerhummel
Bombus pascuorum

Die Ackerhummel gehört zu den Insektenarten, die sich mit unserer Kulturlandschaft arrangiert haben und Überlebensnischen im Umfeld von Monokulturen, wuchernden Siedlungen, Industrieanlagen und Verkehrsflächen finden. Man kann diese Hummelart an den unterschiedlichsten Stellen beobachten, wo die Vegetation nicht allzu hoch ist: an Bahndämmen, Wald- und Wegrändern, Böschungen und Gewässerufern, auf Wiesen, Feldern, Industriebrachen oder Schuttplätzen, in Parks und Gärten.

Ackerhummeln sammeln Nektar und Pollen an den verschiedensten Blütenpflanzen. Jungköniginnen sieht man ab März an Weiden, Lungenkraut, Taubnesseln oder Schlüsselblumen. Die etwa vier Wochen nach der Nestgründung erscheinenden Arbeiterinnen sind sogenannte Haustürsammler (siehe Seite 57) und besuchen bevorzugt Trachtpflanzen in der Nähe ihres Nistplatzes. Sie befliegen Wiesenblumen wie Rotklee, Weißklee oder Flockenblumen ebenso wie Obstbäume, Gemüsepflanzen und Küchenkräuter, aber auch Ziergewächse wie Rhododendron und Goldregen.

Ein geeigneter Nistplatz für Ackerhummeln kann unterirdisch – zum Beispiel ein verlassenes Mäusenest – oder oberirdisch – zum Beispiel ein Vogelnistkasten, eine Baumhöhle, ein Bündel alter Lumpen im Schuppen oder ein Rollladenkasten – gelegen sein. Ackerhummeln versorgen ihren Nachwuchs als sogenannte Taschenmacher (siehe

Seite 38): Sie errichten unmittelbar an den Brutzellen besondere Wachsbehälter, die sie mit Pollen füllen und aus denen die Larven ohne Ammenhilfe ständig selbst fressen können. Zum Ende des Sommers kann eine Ackerhummelkolonie aus etwa 150 Tieren bestehen. Ackerhummeln sind ausgesprochen sanftmütig und Stiche sind kaum zu befürchten. Künstliche Nisthilfen werden häufig angenommen. Da sich der Entwicklungszyklus bei günstiger Entwicklung bis in den November hinein erstrecken kann, sind Ackerhummeln im besonderen Maße auf spätblühende Trachtpflanzen angewiesen (siehe Seite 138).

- **Erkennungsmerkmale:** Die Ackerhummel ist an Kopf und Brust bräunlich gefärbt, auf dem dunkelgelb behaarten Hinterleib erkennt man sechs graue beziehungsweise rötliche oder schwarze Segmente. Die Insekten treten in vielen Farbvarianten auf, sodass eine genaue Artbestimmung auch für den Fachmann schwierig ist.
- **Körperlängen:** Königin: 15 – 18 mm, Arbeiterin: 9 – 15 mm, Männchen: 12 – 14 mm
- **Rüssel:** fast körperlang
- **Flugzeiten:** überwinterte Königinnen fliegen von Anfang April bis Mitte Mai, Arbeiterinnen von Ende April bis Ende Oktober, Jungköniginnen und Männchen von Mitte August bis Ende Oktober.

Baumhummel
Bombus hypnorum
Vermutlich erhielten Baumhummeln ihren deutschen Namen, weil sie ihre Nester im natürlichen Umfeld bevorzugt in den Hohlräumen alter Bäume errichten. Weil Bäume mit entsprechenden Altersspuren heute kaum noch geduldet und meist lange vor Erreichen eines Alters, wo sich natürliche Baumhöhlen bilden, gefällt werden, haben die Baumhummeln ihr Nistverhalten diesen Umständen angepasst und geändert. So errichten sie ihre Brutstätten nicht nur in noch vorhandenen Baumhöhlen, sondern auch – stets oberirdisch – im menschlichen Siedlungsbereich, zum Beispiel auf Dachböden, in Schuppen, Ställen, Scheunen, in Mauerspalten oder Vogelnistkästen. Baumhummeln

gehören wie alle kurzrüsseligen Hummelarten zu den Topfmachern (siehe Seite
38). Ihre Kolonien können aus 80 bis
400 Insekten bestehen.

Als Kulturfolger stellen Baumhummeln keine speziellen Ansprüche an ihren
Lebensraum. Man findet sie relativ häufig
in städtischen Parkanlagen und Hausgärten,
an Verkehrswegen, auf Wiesen oder Feldern. Zu
den bevorzugten Nahrungspflanzen gehören im Frühjahr Weiden,
Taubnesseln oder Stachelbeeren, später sieht man die Arbeiterinnen
des Hummelvolkes an Rotklee, Weißklee, Wicken oder Linden ebenso
wie an verschiedenen Gemüsepflanzen und Küchenkräutern.

Für Baumhummeln sind oberirdische Nistkästen kein Notbehelf
und man braucht sie noch nicht einmal zum Einflugloch locken.
Ihre Ansiedlung gelingt also auch dem unerfahrenen Hummelfreund
relativ leicht. Baumhummeln verhalten sich allerdings weniger
friedlich als andere Arten. Sie sind zwar weniger aggressiv als einige
soziale Wespenarten. Aber die sonst so gemütlich wirkenden Tiere
können wütend werden und auch stechen, wenn man ihrem Nest
zu nahe kommt.

- **Erkennungsmerkmale:** Häufig ist eine Baumhummel vom
  »Kragen« her durchgehend braunschwarz und am Körperende
  weiß behaart. Der Körper kann aber auch völlig schwarz oder
  dunkelbraun gefärbt sein, sodass eine genaue Artbestimmung bei
  oberflächlicher Betrachtung kaum möglich ist.
- **Körperlängen:** Königin: 17 – 20 mm, Arbeiterin: 8 – 18 mm,
  Männchen: 14 – 16 mm
- **Rüssel:** kurz
- **Flugzeiten:** überwinterte Königinnen fliegen von Ende März
  bis Ende April, Arbeiterinnen von Mitte April bis Mitte August,
  Jungköniginnen und Männchen von Ende Mai bis Ende August.

Dunkle Erdhummel
Bombus terrestris

Die Dunkle Erdhummel gehört zu unseren größten und häufigsten Hummelarten. Sie ist fast überall in den offenen Landschaftsbereichen zu finden und auch in Gärten keine Seltenheit. Die Nester werden meist unterirdisch in verlassenen Mäusenestern oder Maulwurfsgängen angelegt. Auch Hummelkästen werden problemlos angenommen, da eine Königin das Flugloch meist selbstständig entdeckt. Nach der Nestgründung sucht die Königin mitunter zum Schein nach weiteren Nistmöglichkeiten, um Feinde von ihrer gewählten Behausung abzulenken.

Dunkle Erdhummeln versorgen ihren Nachwuchs als Topfmacher (siehe Seite 38) und das Volk kann aus 100 bis 600 Tieren bestehen. Auf allzu aufdringliche Nistplatzkontrollen reagieren die kurzrüsseligen Insekten verärgert und können hin und wieder auch stechen, wenn man sie nicht in Ruhe lässt.

Dunkle Erdhummeln besuchen die Blüten verschiedenster Wildpflanzen und Kulturpflanzen und werden in einigen Ländern auch gezielt für Bestäubungsdienste in Obstplantagen eingesetzt. Zu den Haupttrachtpflanzen der Dunklen Erdhummel gehören Weiden, Obstbäume, Beerensträucher, Rotklee und Weißklee, Fingerhut, Wicken oder Flockenblumen. Die Insekten kann man oft dabei beobachten, wie sie komplizierte Blütenröhren unterhalb der Blütenlippen anbeißen, um an die Nektarquellen zu gelangen. Bedingt durch ihre Flugzeiten sind sie sowohl auf frühblühende als auch auf spätblühende Pflanzenarten besonders angewiesen (siehe Seiten 40 und 138).

- **Erkennungsmerkmale:** Die Dunkle Erdhummel hat direkt hinter dem Kopf eine gelbe Binde, ist daran anschließend schwarz gefärbt, bevor im ersten Drittel des Hinterleibs eine weitere gelbliche Binde markant hervortritt. Das Hinterleibsende ist weiß. Es gibt auch fast schwarze Tiere, bei denen die gelben Binden fehlen.
- **Körperlängen:** Königin: 20 – 23 mm, Arbeiterin: 11 – 17 mm, Männchen: 14 – 16 mm
- **Rüssel:** sehr kurz
- **Flugzeiten:** überwinterte Königinnen fliegen von Ende Februar bis Mitte Mai, Arbeiterinnen von Ende März bis Ende Oktober, Jungköniginnen und Männchen von Ende Juli bis Mitte Oktober.

Gartenhummel
Bombus hortorum

Die Gartenhummel ist in fast allen Regionen Mitteleuropas noch häufig zu beobachten, im Flachland ebenso wie im Hochgebirge bis etwa 2100 Meter. Sie besiedelt Hochwasserdämme und Straßenböschungen, Waldränder und Wiesen, Parks und Gärten. Die Gartenhummel hat einen längeren Kopf als andere Hummeln und den längsten Rüssel unter allen mitteleuropäischen Hummelarten – bei einer Königin kann er bis 21 Millimeter lang sein.

Gartenhummeln sammeln Nektar und Pollen an verschiedenen Pflanzenarten wie Wicken, Rotklee, Rittersporn oder Lavendel. Mit ihren langen Rüsseln sind sie aber geradezu prädestiniert für röhrenförmige Blütenformen wie die des Fingerhuts. Obwohl eine Fingerhutblüte nicht duftet, weiß die Hummel, dass sich die Nektarquelle am Grund der langen Blütenröhre befindet. Besondere Farbmuster weisen wie Leitlinien in den Blütengrund und veranlassen das Insekt, seinen Rüssel in diese Richtung zu führen.

Wie einige andere Hummelarten neigen ältere Gartenhummeln zur»Glatzenbildung«. Da sie ständig in engen, komplizierten Blütenkelchen herumkriechen, reiben sie sich vermutlich an bestimmten Körperteilen die Haare ab, sodass die darunterliegende Chitinhülle als»Spiegelglatze« zum Vorschein kommt.

Gartenhummeln gehören zu den Taschenmachern (siehe Seite 38) und ihre Völker können aus 100, unter günstigen Voraussetzungen aber auch aus bis zu 400 Tieren bestehen. Die Nester werden sowohl oberirdisch als auch unterirdisch in verlassenen Mäusenestern, unter

Reisighaufen, auf Dachböden oder in Gartenhäusern angelegt. Eine Gartenhummelkönigin betrachtet eine künstliche Nisthilfe nicht als bloße Notlösung und nimmt sie gerne an. Die Königinnen scheinen aber auch Vorlieben für ungewöhnliche Nistplätze zu haben: eine Gießkanne, ein alter Gummistiefel oder die Kapuze eines Regenmantels können als Plätze für den Nestbau dienen.

- **Erkennungsmerkmale:** Eine Gartenhummel hat eine leuchtend gelbe Binde dicht hinter ihrem Kopf. Bis zum Beginn des Hinterleibs ist der Körper dann samtig schwarz behaart. Das erste Drittel des Hinterleibs beginnt mit einer weiteren goldgelben Binde. Das Hinterleibsende ist weiß.
- **Körperlängen:** Königin: 17 – 22 mm, Arbeiterin: 11 – 16 mm, Männchen: 13 – 15 mm
- **Rüssel:** sehr lang
- **Flugzeiten:** überwinterte Königinnen fliegen von Mitte April bis Mitte Mai, Arbeiterinnen von Anfang Mai bis Ende Juli, Jungköniginnen und Männchen von Ende Juni bis Ende Juli.

Grashummel
Bombus ruderarius
Die Grashummel, früher häufig an Böschungen und Gräben, an Feldrainen und auf Äckern zu finden, ist heute selten geworden. Es ist eine Art, die in einer flurbereinigten Landschaft, wo Monokulturen das Bild bestimmen und Chemikalien die Wildpflanzenflora vernichten, zunehmend in Bedrängnis gerät.

Grashummeln legen ihre Nester fast immer oberirdisch in kleinen Bodenmulden unter Moos oder trockenen Grasbüscheln an. Sie versorgen ihren Nachwuchs als Taschenmacher (siehe Seite 38) und ihre Kolonien können aus bis zu 100 Tieren bestehen. Grashummeln legen oft weite Strecken zurück, um zu ihren Trachtpflanzen zu gelangen, und man sieht sie an Königskerzen, Rotklee, Weißklee, Wicken, Luzerne, Goldregen oder Flockenblumen, aber auch an vielen anderen Pflanzenarten. Oberflächlich betrachtet, könnten Grashummeln auch in einem naturnahen Garten sehr gut leben. Sie haben aber offensichtlich eine genetische Bindung an ihre angestammten Lebensräume, sodass eine dauerhafte Ansiedlung im Garten oder in Hummelkästen nur selten gelingt.

- **Erkennungsmerkmale:** Die Grashummel ist überwiegend schwarz gefärbt, nur die Behaarung der letzten drei Hinterleibssegmente ist rötlich gelb. Bei Grashummeln gibt es zahlreiche Farbvarianten und mit Steinhummeln oder Wiesenhummeln zusätzlich ähnlich aussehende Arten, sodass eine genaue Artbestimmung bei flüchtiger Betrachtung kaum möglich ist.
- **Körperlängen:** Königin: 16 – 18 mm, Arbeiterin: 9 – 16 mm, Männchen: 12 – 14 mm
- **Rüssel:** lang
- **Flugzeiten:** überwinterte Königinnen fliegen von Mitte April bis Ende Mai, Arbeiterinnen von Anfang Mai bis Ende August, Jungköniginnen und Männchen von Ende Juli bis Anfang September.

Helle Erdhummel
Bombus lucorum
Die Helle Erdhummel legt ihre Nester unter der Erde, vor allem in verlassenen Kleinsäugerbehausungen, an. Auch unterirdische Nistkästen werden oft akzeptiert. Wenn man Nistmaterial mit Mäusegeruch hat, kann man etwas davon vor dem Flugloch ausstreuen, um die Hummeln anzulocken (siehe Seite 75). Die Tiere schätzen es, wenn ihnen auch im Inneren des Kastens Polsterwolle, Moos, Kleintierstreu oder ein altes Mäusenest für den Nestbau zur Verfügung steht.

Helle Erdhummeln gehören zu den Taschenmachern (siehe Seite 38), das Volk kann im Laufe des Sommers recht groß werden und 100 bis 400 Tiere umfassen. Als Kulturfolgerin lebt die Helle Erdhummel vor allem im Flachland an Waldrändern, Feldrainen und Straßenböschungen, ebenso auf Wiesen, in Parkanlagen oder Gärten. Die Insekten befliegen die Blüten verschiedenster Pflanzenarten. Zu den Haupttrachtpflanzen gehören Weiden, Taubnesseln, Weißklee, Disteln, Lupinen, Obstbäume, Apfelrose oder Zierjohannisbeere.

- **Erkennungsmerkmale:** Die Helle Erdhummel unterscheidet sich von der Dunklen Erdhummel durch zwei schmale hellgelbe Querbinden, die hinter dem Kopf beginnen und am Flügelansatz enden. Der mittlere Körperbereich ist schwarz, das Hinterleibsende grauweiß gefärbt.
- **Körperlängen:** Königin: 18 – 21 mm, Arbeiterin: 9 – 16 mm, Männchen: 14 – 16 mm
- **Rüssel:** sehr kurz
- **Flugzeiten:** überwinterte Königinnen fliegen von Mitte März bis Mitte Mai, Arbeiterinnen von Anfang April bis Ende August, Jungköniginnen und Männchen von Mitte Juli bis Ende August.

Steinhummel
Bombus lapidarius

Die Königin eines Steinhummelvolkes ist fast doppelt so groß wie ihre Arbeiterinnen und man erkennt sie auch an ihrer Stimme: Wie viele Hummelköniginnen brummt sie in deutlich tieferen Tönen als die anderen Weibchen der Kolonie.

Steinhummeln gehören zu den Topfmachern (siehe Seite 38). Sie lassen ihre Larven von Ammen füttern und das Volk kann am Ende des Sommers aus 100 bis 300 Tieren bestehen.

Die relativ anspruchslosen Insekten schätzen eine offene, abwechslungsreiche Landschaft und sind fast überall in Mitteleuropa häufig anzutreffen. Man findet sie auf Fettwiesen und Magerwiesen, an Waldrändern und Wegrändern, in Obstplantagen, Parks und Gär-

27

 ten. Steinhummeln nutzen verschiedene Pflanzenarten als Nahrungsquellen. Sie besuchen Weiden, Taubnesseln, Obstbäume, Kastanien, Ackerbohnen, Rotklee, Wiesensalbei, Disteln oder Primeln. Die Nester werden sowohl oberirdisch als auch unterirdisch in verlassenen Mäusenestern und Vogelnestern, in Mauerspalten, unter Strohballen und Brettern, in Scheunen, Schuppen oder Gartenhäusern angelegt. Auch künstliche Nisthilfen werden häufig angenommen.

- **Erkennungsmerkmale:** Die Steinhummel ist mit ihrer samtschwarzen Körperfarbe und dem leuchtend roten Hinterleibsende ein besonders hübsches Insekt. Die Männchen unterscheiden sich durch eine zusätzliche gelbe Binde auf der Vorderbrust von den Weibchen. Auch bei einer Steinhummel hinterlässt das Alter Spuren. Bei einer schon etwas betagten Hummel beginnt sich der prachtvolle Haarpelz an einigen Stellen zu lichten und die charakteristischen Farbtöne verblassen.
- **Körperlängen:** Königin: 20 – 22 mm, Arbeiterin: 12 – 16 mm, Männchen: 14 – 16 mm
- **Rüssel:** relativ kurz
- **Flugzeiten:** überwinterte Königinnen fliegen von Mitte März bis Ende Mai, Arbeiterinnen von April bis Ende September, Jungköniginnen und Männchen von Juli bis Anfang Oktober.

Wiesenhummel
Bombus pratorum
Die Wiesenhummel ist in ganz Mitteleuropa noch häufig anzutreffen. Als Kulturfolgerin besiedelt sie vor allem offene Landschaftsbereiche. Man sieht sie auf Wiesen, Viehweiden und Waldlichtungen, in Parks und Gärten.

Die kleinen, kurzrüsseligen Hummeln gehören zu den Topfmachern (siehe Seite 38): Sie bringen den eingetragenen Pollen in leeren Eikokons oder Wachstöpfen unter und füttern mit ihm ihren Nachwuchs in den Larvenwiegen, indem sie die Wiegen für Fütterungszwecke immer wieder öffnen. Wiesenhummeln legen ihre Nester meist oberirdisch in Vogelnistkästen, unter Reisighaufen, Brombeergestrüpp oder in Gebäuden an. Auch Hummelnistkästen werden akzeptiert. Der kleine Sommerstaat der Wiesenhummeln kann am Ende der Entwicklungsperiode – bei dieser Hummelart bereits Ende Juli – aus etwa 120 Tieren bestehen. Arbeiterinnen der Wiesenhummeln sind ungemein fleißig. Sie beginnen ihre Sammelflüge oft schon vor Sonnenaufgang und beenden sie erst nach Einbruch der Abenddämmerung. Als sogenannte Haustürsammler (siehe Seite 57) besuchen sie dabei vor allem Trachtpflanzen, die selten weiter als hundert Meter von ihrem Nistplatz entfernt liegen. Dabei kann es sich um die verschiedensten Pflanzenarten handeln: Obstbäume und Beerensträucher ebenso wie Wildrose, Akelei, Lupine oder Natternkopf. Eine Hummelkönigin, die oft schon Anfang März mit der Nestgründung beginnt, sucht selbst bei Temperaturen von 2 °C nach Nahrungspflanzen und man kann sie in Gärten beobachten, in denen sie frühblühende Arten wie Weidenkätzchen, Schlüsselblumen, Taubnesseln, Lungenkraut oder Küchenschellen findet.

- **Erkennungsmerkmale:** Die vorherrschende Körperfarbe der Wiesenhummel ist Schwarz. An der Vorderbrust und am Hinterleib erkennt man jeweils eine gelbe Querbinde, die aber – durch Farbvariationen bedingt – auch gänzlich fehlen kann. Das Hinterleibsende ist rot oder gelblich gefärbt. Bei den Männchen überwiegt die gelbe oder rote Körperbehaarung und die schwarze Grundfarbe tritt in den Hintergrund.
- **Körperlängen:** Königin: 15 – 17 mm, Arbeiterin: 9 – 14 mm, Männchen: 11 – 13 mm
- **Rüssel:** relativ kurz
- **Flugzeiten:** überwinterte Königinnen fliegen von Anfang März bis Ende April, Arbeiterinnen von Anfang April bis Ende Juli, Jungköniginnen und Männchen von Anfang Juni bis Ende Juli.

Fliegen im Hummelkostüm

Viele Vögel und Amphibien verschmähen Hummeln als Nahrungstiere, weil sie keinen Stich riskieren wollen. Neben Wespen und
Hornissen, die wegen ihrer Giftstachel berüchtigt sind, zeigen auch
Hummeln ihrer Umwelt mit bestimmten Farben und Körperzeich-
nungen, dass sie wehrhaft und gefährlich sind.

Die Warntracht der Hummeln ist so
wirksam, dass sie im Verlauf der
Evolution von zahlreichen völlig
harmlosen Insekten übernommen
wurde. Obwohl diese keine Wehr-
stachel besitzen, haben sie im
Verlauf von Millionen Jahren so
lange an ihrem äußeren Erscheinungsbild »herumgefeilt«, bis
sie ein hummelähnliches Aus-
sehen hatten, und »mogeln«
sich mit dieser Verkleidung nun
erfolgreich durchs Leben.

Wollschweber (Bombyliidae) erinnern
mit ihrem Pelzkostüm an Hummeln; bei
einigen Arten verrät der ungewöhnlich
lange Rüssel aber, dass sie keine sind.

Zu den bekanntesten Insekten, die Hummeln imitieren,
gehören die Hummel-Waldschwebfliege *(Volucella bombylans)* und
der Große Wollschweber *(Bombylius major)*. Die Ähnlichkeit der
Hummel-Waldschwebfliege mit ihren Vorbildern ist so groß, dass
nicht einmal Hummeln sie als fremde Art erkennen und in ihren
Kolonien dulden, wo die Hummel-Waldschwebfliege nicht als Parasit
lebt, sondern von dem, was an Nestabfällen übrig bleibt. Der Große
Wollschweber, eine Raubfliege, imitiert mit seinem Pelzkostüm eine
kleine Hummel, verrät aber durch seine rasanten Flugmanöver und
seinen ungewöhnlich langen Rüssel, dass er keine ist.

Einblicke ins Hummelleben

Staatsgründung und Niedergang

Jede Hummelkolonie wird von einem im Vorjahr begatteten Weibchen, einer zukünftigen Hummelkönigin, gegründet. Als der Sommer
vorüber war, hat sich das Weibchen in ein unterirdisches Versteck
zurückgezogen. Seine Körperfunktionen reduzierten sich auf ein
Minimum und es verfiel in schläfrige Apathie, bis ihm die wärmen-
de Frühlingssonne das Signal zum Aufwachen gab. Wenn es sein
Winterversteck verlassen hat, geht es erst einmal auf Nahrungssuche
und stärkt sich mit Blütennektar und Pollen. Diese Kraftnahrung aus
Zucker, Eiweiß und Vitaminen braucht es, um seine Muskulatur wieder in Schwung zu bringen, und zur Entwicklung seiner Eierstöcke.
Sobald es genügend Energie getankt hat, macht es sich auf die Suche

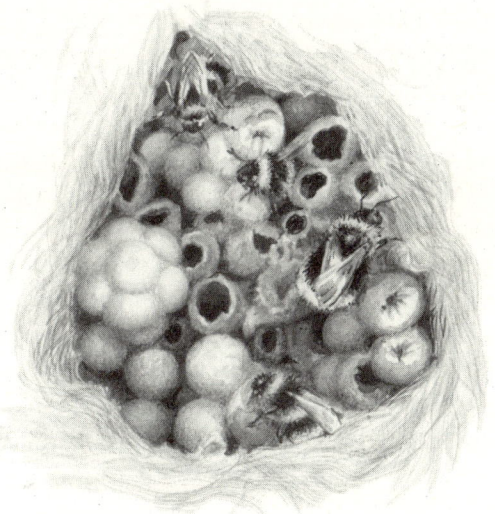

Arbeiterinnen im Hummelnest zwischen
Einäpfchen, Brutzellen und leeren Kokons.

nach einem trockenen, geschützten Nistplatz. Je nach Hummelart werden dabei alle möglichen Löcher und Spalten im Erdreich, an alten Gebäuden oder abgestorbenen Bäumen angeflogen und genau untersucht. Hat sich das Weibchen nach längerer kritischer Prüfung für einen Nistplatz entschieden, schleppt es Grashalme, Moos oder alte Blätter als Baumaterialien herbei, zerbeißt sie und formt daraus eine kleine hohle Kugel. Bei einigen Arten wird diese Kugel von innen und außen zusätzlich noch mit etwas Wachs bestrichen, das die Königin aus einer Hautdrüse am Hinterleib ausscheidet.

Ist der Rohbau des Nestes fertig, formt das Hummelweibchen in der Nähe des Eingangs einen sogenannten Honigtopf aus Wachs. Dort hinein erbricht es nach jedem Blütenbesuch eine kleine Nektarladung, die es in seinem Kropf gesammelt hat, und legt sich so eine Nahrungsreserve für Schlechtwetterperioden an. In der Mitte des Nestes bereitet die Königin aus einer Mischung aus Pollen und Nektar anschließend eine Eiwiege vor. Der Nektar, nach der Verdunstung des darin enthaltenen Wassers zu Honig eingedickt, verbindet sich mit dem Pollen zu einer haltbaren Masse, dem sogenannten »Bienenbrot«. Auf dieser Nahrungsgrundlage legt das Weibchen acht bis sechzehn Eier ab und überzieht das Ganze mit einer luftdurchlässigen Wachshülle. Nun breitet es sich wie ein brütendes Huhn über dem Gelege aus und wärmt es mit seinem Hinterleib, bis nach drei bis fünf Tagen die Larven schlüpfen. Diese ernähren sich etwa acht Tage lang von dem vorgefundenen »Bienenbrot« und spinnen anschließend bräunliche Seidenkokons um sich herum, in denen sie sich auch verpuppen. Etwa drei Wochen später schlüpfen die ersten Arbeiterinnen aus den Kokons. Sie sind unfruchtbar und oft nur etwa halb so groß wie die Königin, nehmen ihr aber in zunehmendem Maße die Nesterweiterungsarbeiten und weiteren Brutpflegearbeiten ab, sodass sich die Königin schließlich ganz dem Eierlegen widmen kann. Unter bestimmten Umständen können auch die Arbeiterinnen Eier legen, etwa, wenn eine alternde Königin ihre dominante Stellung im Volk verliert oder getötet wird. Da die Eier solcher Arbeiterinnen nicht befruchtet wurden, können sich daraus allerdings nur Männchen entwickeln.

Die Macht der Düfte

Offenbar entscheiden chemische Botenstoffe, die Pheromone, darüber, ob sich aus einer Larve einmal eine Jungkönigin oder eine Arbeiterin entwickeln wird. So verbreitet eine Königin in der Phase, in der sich die Kolonie im Aufbau befindet, ständig bestimmte Düfte, unter deren Wirkung sich die Eierstöcke ihrer Töchter nur unvollständig ausbilden. Dadurch wird auch deren Fortpflanzungstrieb unterdrückt und sie erledigen stattdessen alle Arbeiten, die neben der Eiablage für die Entwicklung des Hummelvolkes unerlässlich sind.

In der Regel gibt es eine mehr oder weniger rationale Arbeitsteilung unter den Arbeiterinnen. Die ausfliegenden Sammlerinnen sichern die Ernährung des Volkes, während die Nestarbeiterinnen damit beschäftigt sind, neue Zellen anzulegen, die heranwachsende Brut zu füttern und zu wärmen oder auch mit Frischluft zu versorgen. So sieht man im Sommer bei Sonnenaufgang oft eine einzelne Hummel vor dem Nesteingang, die mit den Flügeln schwirrt und einen tiefen Brummton erzeugt, dem Volksglauben nach ein »Hummeltrompeter«, dem man früher nachsagte, er habe die Aufgabe, sein Volk zu wecken. Die Hummel am Eingang hat jedoch die Funktion eines Ventilators, indem sie die im Nest während der Nacht verbrauchte Luft durch sauerstoffhaltige, kühle Morgenluft ersetzt. Andere Nestarbeiterinnen kontrollieren die heimkehrenden Sammlerinnen am Nesteingang, denn jede zur Kolonie gehörende Hummel hat einen volksspezifischen Geruch. Wer nicht die richtige Duftmarke hat, wird abgewiesen oder aus dem Nest geworfen.

In der Zwischenzeit entwickeln sich immer mehr Arbeiterinnen aus den herangezogenen Larven, bis die Hummelkolonie im Spätsommer schließlich den Höhepunkt ihres Entwicklungszyklus erreicht und das Volk je nach Art aus 50 bis 600 Tieren besteht.

Soziale Unterschiede und Konflikte

Im Allgemeinen sind die im Innendienst tätigen Arbeiterinnen eine Elitegruppe, während die ausfliegenden Sammlerinnen in der Hierarchie tiefer stehen. Im Verlauf der Volksentwicklung kommt es immer wieder zu Konflikten zwischen Arbeiterinnen aus der Elitegruppe und den weniger privilegierten Sammlerinnen. Die Elitearbeiterinnen treten zudem in Konkurrenz zur Königin. Als deren unfruchtbare Töchter beginnen sie die Mutter zu attackieren, zerren sie von den Wachszellen und versuchen, deren Eiablagen zu fressen oder zu zerstören, während sie selbst bestrebt sind, eigene Eier zu legen. Die Königin wiederum ist ständig damit beschäftigt, ihre Eigelege zu verteidigen oder diejenigen ihrer Töchter zu vernichten. Schließlich ist sie kaum noch in der Lage, ihre dominante Stellung zu behaupten, und beginnt in der Phase des Niedergangs, unbefruchtete Eier zu legen, aus denen sich Männchen entwickeln. In der Endphase, wenn der Hummelstaat allmählich zerbricht, werden die letzten weiblichen Nachkommen mit einigen Privilegien zu Jungköniginnen herangezogen. Sie entwickeln sich aus befruchteten Eiern der alten Königin in sogenannten Königinnenkokons, die oben offen sind, sodass kontinuierlich eine Versorgung mit Futter möglich ist.

Die Rolle der Hummelmännchen

Die Männchen der Honigbienen werden nur geboren, um die Königinnen zu begatten, und sind ansonsten eher eine Belastung für ihr Volk. Sie sind nicht in der Lage, sich selbst mit Nahrung zu versorgen, und müssen von Ammen gefüttert werden. Nach der Paarung lungern sie nur noch als überflüssige Fresser herum, bis man sie schließlich aus dem Stock wirft und verhungern lässt.

Hummelmännchen, die Hummeldrohnen, machen sich dagegen auch für die Gemeinschaft nützlich oder fallen ihr zumindest nicht zur Last. Als Jungtiere wärmen sie die Larven in deren Zellen und nachdem sie selbst ausgeflogen sind, ernähren sie sich selbstständig und kehren nicht mehr ins Mutternest zurück.

Hummeldrohnen entwickeln sich in der Regel aus Eiern der Königin, können aber auch Nachkommen von Arbeiterinnen sein, denen es gelungen ist, in Konkurrenz zu ihrer dominanten Mutter für eigenen Nachwuchs zu sorgen. Hummelmännchen unterscheiden sich äußerlich kaum von den Arbeiterinnen, besitzen aber im Gegensatz zu diesen keine Stachel und keine Sammelapparate an den Schienen der Hinterbeine. Sobald die Drohnen das Mutternest

verlassen, ernähren sie sich nur noch von Nektar. Bei jedem Blütenbesuch bleibt dann reichlich Blütenstaub an ihren dichten Haarpelzen
haften, der an der nächsten »Nektartankstelle« abgestreift wird. So
machen sich die Hummelmännchen auch als Bestäuber nützlich.

Im Gegensatz zu Honigbienen, die sich im Flug paaren, findet eine
Hummelhochzeit immer am Boden, auf einem Stein oder einer Pflanze statt. Beim Werben um Weibchen starten die Männchen zunächst
zu ausgedehnten Balzflügen und legen dabei individuelle Flugbahnen
an. Jedes Männchen hat seine eigene Route, die immer wieder in
gleicher Richtung durchflogen wird, und bei jeder Zwischenlandung
scheidet das Männchen einen artspezifischen Sexuallockstoff mit
seinen Kopfdrüsen aus und hinterlässt so eine Werbebotschaft für
die Weibchen. Die Jungköniginnen der gleichen Art werden vom
Duft der ausgeschiedenen Sekrete angelockt und treffen sich mit
den Männchen am ausgewählten Hochzeitsplatz.

Königin   Männchen   Arbeiterin

Die Kinderstube der Hummeln

In einem Honigbienenstaat wächst jede Larve in einer regelmäßig geformten sechseckigen Wabe heran. Hummeln legen ihre Eier dagegen als Häufchen in einer Gemeinschaftszelle ab. Sobald die Larven geschlüpft sind und heranwachsen, wird ihnen die Gemeinschaftswiege zu eng, sodass diese von der Königin und den Arbeiterinnen ständig erweitert werden muss.

Acht Tage nach dem Ausschlüpfen beginnen sich die Larven zu verpuppen. Jede spinnt einen lockeren Seidenkokon um sich herum und trennt sich so von ihren Geschwistern. In der Mitte des Kokons lässt die Larve ein Loch frei, durch das sie von den Arbeiterinnen individuell mit Pollen gefüttert wird. Sobald die Kokons fertig sind, nagen die Königin oder die Arbeiterinnen die daran haftenden Wachsreste ab, um sie später wiederzuverwenden.

Im nächsten Stadium spinnen sich die Larven vollständig in ihre Kokons ein, sodass einigermaßen senkrecht stehende Puppentönnchen entstehen, die durch ein Seidengespinst zusammengehalten werden. Mit den Wachsresten werden auf diesen Puppentönnchen jetzt weitere Einäpfchen errichtet, in die die Königin neue Eier legt. Dieser etwas merkwürdig erscheinende Nestaufbau dient nach derzeitigem Wissen dazu, die Wärme, die bei der Verwandlung der Larven in ihren Kokons entsteht, nicht ungenutzt zu lassen und die darüberliegenden neuen Eier auszubrüten.

Die Entwicklung der Larven und Puppen hängt davon ab, in welcher Lage sie sich befinden, ob sie mehr oder weniger ausreichend gewärmt und mit Nahrung versorgt werden. Frisch geschlüpfte Arbeiterinnen, die sich unter ungünstigen Bedingungen entwickelt haben, sind deshalb stets kleiner als ihre durch optimale Nestwärme und Ernährung begünstigten Schwestern. Nach dem Schlüpfen sind Hummelarbeiterinnen – ebenso wie Königinnen und Drohnen – hellgrau, und erst nach vierundzwanzig Stunden kommen ihre strahlenden Farben voll zum Vorschein. Nachdem eine Arbeiterin diese erste Zeit im schützenden Nest verbracht hat, kann sie zu ihren ersten Sammelflügen starten.

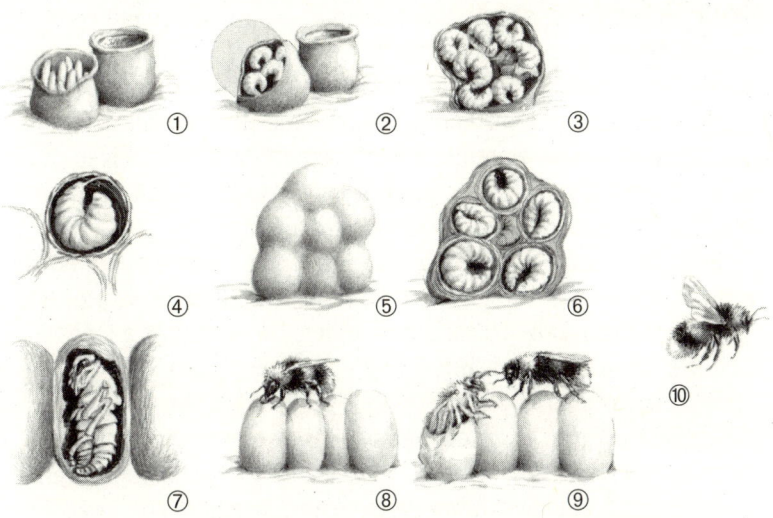

Entwicklung einer Hummel vom Ei zum erwachsenen Fluginsekt

① In einem aus Wachs geformten Einäpfchen hat eine Hummelkönigin fünf bis fünfzehn Eier auf einem mit Nektar durchfeuchteten
Pollenvorrat abgelegt.

② Nach drei bis fünf Tagen schlüpfen die Larven aus den Eiern und
beginnen, den Pollenvorrat in ihrer gemeinsamen Wiege zu verzehren.

③ und ④ Das Larvenstadium dauert sieben bis acht Tage. In dieser
Zeit wachsen die Larven rasch heran und müssen sich wieder-
holt häuten, weil ihnen die Hülle, die sie umgibt, immer wieder
zu eng wird.

⑤ und ⑥ Nachdem die Larven ausgewachsen sind, bringen sie aus
einer Drüse am Mund Seidenfäden hervor und beginnen sich
einzeln einzuspinnen. Um jede Larve entsteht ein pergament-
artiger Kokon, in dem sie sich, von ihren Geschwistern getrennt,
verpuppen wird.

⑦ Das Puppenstadium dauert je nach Art sieben bis zehn Tage und
während dieser Zeit entwickelt sich die Hummelpuppe zum
fertigen Insekt.

⑧ Noch im Seidenkokon streift die fertige Hummel ihre Puppenhaut ab und beißt ein Loch in die obere Kokonhülle. Dabei helfen ihr andere Hummeln der Kolonie und erleichtern ihr so den Ausstieg.

⑨ Mit dem Ausstieg aus dem Kokon hat die Hummel die Trennung zwischen Puppenstadium und Erwachsenenleben vollzogen. Aber ihr Körper ist noch weich und farblos und ihre filigranen Flügel kann sie erst nach geraumer Zeit entfalten.

⑩ Nachdem die Hummel einige Tage im schützenden Nest verbracht hat, haben sich ihre Flügel und alle verletzbaren Körperteile gehärtet, ihr Pelz erstrahlt in frischen Farben und sie startet zu ihrem ersten Sammelflug.

Topfmacher und Taschenmacher

Damit den Larven auch während einer Schlechtwetterperiode immer ausreichend Nahrung zur Verfügung steht, speichern Hummeln den eingetragenen Pollen in dafür vorgesehenen Behältnissen. Vor allem kurzrüsselige Hummelarten wie Steinhummel oder Wiesenhummel nutzen hierfür ausgediente Puppentönnchen, die sich in unmittelbarer Nähe der Brutzellen befinden. Bei Bedarf öffnen die Ammen diese Zellen kurz von oben und füttern die Larven mit Pollen, den sie diesen Behältern entnehmen. Für diese Art der Nahrungsaufbewahrung und Larvenversorgung verwendet man allgemein die Bezeichnungen »Topfmacher« oder »Pollenaufbewahrer« (»pollen-storer«).

Zu den »Taschenmachern« (»pocket-maker«) gehören dagegen die langrüsseligen Hummelarten, zum Beispiel Gartenhummel, Ackerhummel oder Grashummel. Diese lagern den eingetragenen Pollen in Wachstaschen ein, die sich beidseitig an der Basis der Brutzelle befinden. Aus diesen zur Brutzelle hin offenen Taschen können sich die Larven jederzeit ohne Ammenhilfe bedienen.

Jungköniginnen

Überwintern im Erdversteck

Bei allen heimischen Hummelarten geht die Kolonie im Herbst zugrunde. Die alte Königin stirbt und mit ihr nach und nach auch alle Arbeiterinnen und Männchen. Nur die zuletzt geschlüpften Weibchen, die von den Männchen befruchtet wurden, überleben. Sie verlassen das alte Nest und suchen geschützte Winterquartiere, um im nächsten Frühjahr jeweils einen neuen Staat zu gründen. Die Jungköniginnen fast aller Hummelarten überwintern unterirdisch in der Nähe ihres Mutternestes. Bevor sie die alte Heimstätte endgültig verlassen, verzehren sie große Pollenmengen aus den Nestvorräten und saugen ihre Honigblasen voll. Mit dieser Energiereserve aus Eiweiß, Fett und Zucker müssen sie bis zum nächsten Frühjahr überleben.

Bei der Wahl ihrer Winterschlafplätze zeigen sich die Königinnen der kurzrüsseligen Hummelarten, zum Beispiel der Baumhummel oder der Hellen Erdhummel, als ausgesprochen robust und kälteresistent, denn sie graben sich mitunter nur fünf bis zehn Zentimeter tief im lockeren Erdreich unter Gebüsch, Falllaub, Moos oder Grasbüscheln ein. Befruchtete Weibchen der langrüsseligen Arten, zum Beispiel der Gartenhummel oder Ackerhummel, zieht es dagegen in tiefere Erdschichten und sie suchen nach vergleichsweise »komfortablen« Unterschlupfmöglichkeiten in verlassenen Maulwurfsgängen oder einer alten Mäuseburg. Bei grimmiger Kälte können die Königinnen zudem ein eigenes »Frostschutzmittel« – in Form von Glyzerol oder Glyzerin – produzieren. Dieses verhindert das Einfrieren der Körpersäfte im Hummelkörper, vergleichbar einem Antifrostmittel, das man ins Kühlerwasser des Autos gibt. Beobachtungen zufolge überleben dennoch etwa 80 Prozent der Hummelköniginnen den Winter nicht. In schläfrige Apathie verfallen, werden sie Opfer von Parasiten oder hungrigen Maulwürfen, Spitzmäusen und Igeln.

Geeignete Winterquartiere im Garten finden Hummelköniginnen im Unterwuchs von Hecken oder unter Reisig-, Laub- und Komposthaufen, die man natürlich erst abräumen darf, wenn die Tiere im folgenden Frühjahr ausgeflogen sind.

Frühblühende Pflanzen für Hummelköniginnen

Deutscher Name Botanischer Name	Blütezeit Blütenfarbe	Standort im Garten Bodenansprüche
Christrose *Helleborus niger*	Dezember – März weiß, hellrosa	schattig; Wildblumenbeet, unter Bäumen, vor Hecken; keine besonderen Bodenansprüche
Echte Küchenschelle *Pulsatilla vulgaris*	Februar – April violett	sonnig, halbschattig; Wegrand, Wildblumenbeet; keine besonderen Bodenansprüche
Finger-Küchenschelle *Pulsatilla patens*	März – April blauviolett	sonnig, halbschattig; Wegrand, Wildblumenbeet; keine besonderen Bodenansprüche
Frühlingskrokus *Crocus vernus*	März – Mai blauviolett	sonnig, halbschattig; Blumenwiese; eher nährstoffreich
Gefleckte Taubnessel *Lamium maculatum*	März – September purpur	halbschattig; unter Bäumen und Sträuchern, vor Hecken; eher feucht
Hohe Schlüsselblume *Primula elatior*	März – Mai hellgelb	sonnig, halbschattig; Wildblumenbeet; nährstoffreich, kalkhaltig
Hohler Lerchensporn *Corydalis cava*	März – Mai rot, weiß	schattig; unter Bäumen, vor Hecken; eher nährstoffreich
Kleines Immergrün *Vinca minor*	März – Juni blau	halbschattig, schattig; Wegrand, unter Bäumen und Sträuchern; anpassungsfähig

Deutscher Name Botanischer Name	Blütezeit Blütenfarbe	Standort im Garten Bodenansprüche
Purpurrote Taubnessel *Lamium purpureum*	März – Oktober purpur	halbschattig; unter Bäumen und Sträuchern, vor Hecken; keine besonderen Bodenansprüche
Sibirischer Blaustern *Scilla siberica*	März – April himmelblau	sonnig, halbschattig; Blumenwiese; keine besonderen Bodenansprüche
Stängellose **Schlüsselblume** *Primula vulgaris*	Februar – April hellgelb	sonnig, halbschattig; Wildblumenbeet; eher nährstoffreich
Übersehene **Traubenhyazinthe** *Muscari neglectum*	März – Mai violett	sonnig, halbschattig; Blumenwiese, Wegrand, vor Hecken; keine besonderen Bodenansprüche
Wiesen-Gelbstern *Gagea pratensis*	März – April gelb	sonnig, halbschattig; Blumenwiese; nährstoffreich

Erwachen und Nistplatzsuche

Naturgemäß verlassen Königinnen der weniger kälteempfindlichen kurzrüsseligen Hummelarten, wie Steinhummel oder Wiesenhummel, ihre Winterquartiere im Frühjahr vor ihren langrüsseligen Verwandten – mitunter schon Ende Februar, wenn uns die Sonne die ersten warmen Tage des Jahres beschert.

Selbst bei Königinnen einer Art kommt es nie zu einem synchronen Massenerwachen, bei dem alle Tiere gemeinsam zu ihrem Erstflug in den Frühling starten. Liegt ein Winterversteck im Schatten unter einer Erdkrume, die sich nur langsam erwärmt, so wird die darunter schlummernde Hummelkönigin erst später auftauchen als ihre Schwestern, die sich an einem Sonnenplatz nur unter Grasbüscheln oder alten Blättern verborgen hatten.

Aus ihrem energiezehrenden Winterschlaf erwacht, befliegen Hummelköniginnen die wenigen Blüten, die ihnen so früh im Jahr zur Verfügung stehen, und gehen dann auf Nistplatzsuche. Je nach Art werden dabei Erdlöcher, Vogelnistkästen oder Lüftungsschächte an Gebäuden angeflogen und inspiziert. Ehe sich eine Königin für eine Niststätte entscheidet, können bis zu zwei Wochen vergehen. Hin und wieder wird ein gewählter Standort wieder aufgegeben und die Hummelkönigin geht erneut auf Nistplatzsuche. Ebenso kann es zu Nestbesetzungen und Nestübernahmen durch andere Hummelköniginnen kommen, die ihre Winterverstecke später verlassen haben.

Die Gründung einer Hummelkolonie wird aber vor allem durch die Launen des Frühjahrswetters und das geringe Vorkommen von Trachtpflanzen erschwert. Zudem tauchen jetzt immer mehr Solitärbienen und auch die ersten Schmetterlinge wie Kleiner Fuchs oder Zitronenfalter als Nahrungskonkurrenten auf und tummeln sich gemeinsam mit den Hummeln an den wenigen Blumen, die der Vorfrühling hervorbringt. Viele dieser Pflanzen sind heute, da es Zuchtpflanzen mit spektakulären Blüten gibt, nicht sehr populär. Aber sie empfehlen sich für jeden Garten, weil man sich nicht groß um sie kümmern muss, wegen ihrer frühen Blütenpracht und wegen der Hummeln und anderen Insekten, die sie anlocken und die uns dann mit ihrem Anblick erfreuen (siehe auch Seiten 40 und 113).

Kuckuckshummeln

Kuckuckshummeln oder Schmarotzerhummeln sind eng mit den echten Hummeln verwandt und stammesgeschichtlich wahrscheinlich aus diesen hervorgegangen. Sie unterscheiden sich äußerlich kaum von den echten Hummeln, ihre Weibchen haben an den Hinterbeinen allerdings keine »Körbchen« zum Sammeln von Pollen und keine Wachsdrüsen an den Unterseiten ihrer Körper.

Beim Fliegen wie auch beim Blütenbesuch bewegen sich Kuckuckshummeln träger als ihre Verwandten, die ja fleißig damit beschäftigt sind, ihre Brut im Nest zu füttern oder ein Vorratslager für schlechte Zeiten anzulegen. Schmarotzerhummeln sind dagegen von Natur aus »arbeitsscheu«. Sie legen ihre Eier in fremden Nestern ab und lassen ihre Brut auch dort aufziehen. Dabei fühlen sie sich zu Wirtsarten hingezogen, denen sie äußerlich sehr ähnlich sind. So kann man als Laie zum Beispiel die Felsen-Kuckuckshummel *(Bombus rupestris)* von ihrer Wirtsart, der Steinhummel, kaum unterscheiden.

Schmarotzerhummeln erkennen ihre Wirte am artspezifischen Geruch, der aus dem Nest nach außen dringt. Mit diesem Duft kennzeichnen die in der Kolonie lebenden Hummeln auch die Grenzen ihres Nestes und jeder, der nicht dazugehört, wird hinausgeworfen und schlimmstenfalls auch abgestochen. Für Auseinandersetzungen mit ihren Wirten sind Kuckuckshummeln deshalb mit besonders starken Chitinpanzern und auffällig langen, nach oben gebogenen Stacheln gerüstet. Sie können aber auch in fremde Nester gelangen, ohne dass es dabei zu Auseinandersetzungen mit ihren Wirten kommt.

Hat sich ein Kuckuckshummelweibchen unbemerkt in eine Kolonie eingeschmuggelt, informiert es sich erst einmal über den Stand der Innenarbeiten und drückt sich dann so lange an den Zellen herum, bis es den nesttypischen Geruch angenommen hat. Danach zerstört es die Brutzellen ihrer Wirte, frisst die darin abgelegten Eier, formt aus dem gewonnenen Wachs – es selbst kann solches nicht produzieren – eigene Brutzellen und beginnt dann mit der Ablage eigener Eier. Da Kuckuckshummeln untereinander sehr aggressiv sind, dulden sie keine Rivalen, sodass immer nur eine Schmarotzerhummel pro Wirtsnest vorkommt. Demzufolge gibt es für ihre Wirte eine gewisse »Bestandsgarantie«, weil ein Hummelvolk durch das Eindringen des Schmarotzers zwar geschwächt, aber nicht vernichtet wird.

Je nach Art ihrer Wirte kommt es vor, dass Schmarotzerhummeln, auch wenn sie als solche entlarvt sind, in der Kolonie geduldet werden. Im Ausnahmefall kann eine Schmarotzerhummel bei Kämpfen aber auch die Wirtskönigin töten. Das Kuckuckshummelweibchen legt dann seine eigenen Eier, aus denen sich immer Geschlechtstiere, also Männchen und Weibchen, aber keine Arbeiterinnen entwickeln. Die Aufzucht der Larven übernehmen die Arbeiterinnen des Wirtsvolkes. Wurde die Hummelkönigin getötet, geht das Volk anschließend nach und nach zugrunde, weil keine jungen Königinnen, die an die Stelle der alten Königin treten könnten, hervorgebracht werden. Der Lebenszyklus einer Kuckuckshummel verläuft ähnlich wie bei ihren Verwandten. Nach der Begattung sterben die Männchen und die befruchteten Weibchen ziehen sich in geeignete Überwinterungsverstecke zurück. Im nächsten Frühjahr erscheinen sie dann naturgemäß später als die Jungköniginnen der echten Hummeln, die bereits ihre Nester errichten. Die Kuckuckshummelweibchen stärken sich ausgiebig mit Nektar und Pollen und beobachten dann geduldig, wie es mit den Aufbauarbeiten bei ihren Verwandten weitergeht, um sich bei passender Gelegenheit bei ihnen einzunisten.

Kuckuckshummeln und ihre Wirte

Deutscher Name	Zoologischer Name	bevorzugte Wirtsart
Angebundene Kuckuckshummel	*Bombus bohemicus*	Helle Erdhummel
Bärtige Kuckuckshummel	*Bombus barbutellus*	Gartenhummel
Feld-Kuckuckshummel	*Bombus campestris*	Ackerhummel
Felsen-Kuckuckshummel	*Bombus rupestris*	Steinhummel
Gelbe Alpen-Kuckuckshummel	*Bombus flavidus*	Berghummel
Keusche Kuckuckshummel	*Bombus vestalis*	Dunkle Erdhummel
Kinnbacken-Kuckuckshummel	*Bombus maxillosus*	Tonerdhummel
Norwegische Kuckuckshummel	*Bombus norvegicus*	Baumhummel
Vierfarbige Kuckuckshummel	*Bombus quadricolor*	Helle Erdhummel
Wald-Kuckuckshummel	*Bombus sylvestris*	Wiesenhummel

Räuber und Parasiten

Wachsmotten sind kleine nachtaktive Falter, die
es auf die Nester von Hummeln abgesehen haben.

Neben den Kuckuckshummeln haben Hummeln noch andere na-
türliche Feinde. Dachse oder Wespenbussarde können eine ganze
Hummelkolonie frei scharren und die Zellen samt den darin lebenden
Larven verzehren. Igeln und Maulwürfen fallen gelegentlich ein paar
Hummeln zum Opfer. Hungrige Spitzmäuse klappern Komposthaufen
oder Laubhaufen, unter denen sich Hummeln verbergen, systema-
tisch ab und verspeisen erwachsene Hummeln, deren Larven und
Puppen. Vögel, wie der Fliegenschnäpper, aber auch Raubfliegen,
Hornissen oder Großlibellen erbeuten Hummeln im Flug oder beim
Blütenbesuch. Beim Pollensammeln an Blüten werden Hummeln
oft auch Opfer von Krabbenspinnen. Die Spinnen passen sich mit
ihren Körperfarben perfekt der jeweiligen Blüte an, sodass die arglose
Hummel die Lauerjäger übersieht. Sobald sie auf der Blüte gelandet
ist, wird sie von der Spinne überwältigt, mit einem Giftbiss gelähmt
und ausgesaugt.

Die größten Gefahren gehen für Hummeln jedoch von zahlreichen Nestparasiten und Larvenparasiten aus. So gibt es praktisch kein Hummelnest, das nicht von Milben bevölkert wird. Diese Parasiten saugen sich auch an den Hummeln selbst fest und wenn es sich dabei um überwinternde Königinnen handelt, ziehen sie mit diesen in die neugegründeten Nester ein und sorgen dort für weitere Nachkommen. Zu den Hummelschädlingen gehören auch Ameisenwespen oder Spinnenameisen aus der Familie *Mutillidae*. Deren flügellose Weibchen legen ihre Eier in den Wachszellen der Hummeln ab. Die geschlüpften Larven fressen die Hummelbrut und verpuppen sich in deren Zellen.

Die Larven von Dickkopffliegen der Familie *Conopidae* entwickeln sich als Parasitoide in den Körpern von Hautflüglern, darunter auch viele Hummeln. Ein trächtiges Fliegenweibchen wartet in Blütennähe auf eine pollensammelnde Hummel, hält sie fest und deponiert mit einem Legestachel einige Eier in deren Hinterleib. Die geschlüpften Fliegenlarven ernähren sich anfangs von Blutflüssigkeit, später von den inneren Organen der Hummel. Auch die Verpuppung findet im Hummelkörper statt, sodass aus der toten Hummel schließlich erwachsene Dickkopffliegen schlüpfen.

Wachsmotten

Der wohl schlimmste Hummelschädling ist die Hummel-Wachsmotte *(Aphomia sociella)*, ein kleiner nachtaktiver Falter mit mehreren Flugphasen im Jahr. Die Weibchen dringen während der Dämmerung in Hummelnester ein und legen ihre Eier dort in der Nähe der Zellen ab. Die geschlüpften Wachsmottenlarven fressen die Wachszellen samt der Hummelbrut und fertigen lange Gespinstgänge an, in die sie sich selbst bei Gefahr zurückziehen können. In den weiteren Stadien ihrer Metamorphose spinnen sich die Wachsmottenlarven immer weiter ein, sodass das gesamte Nest am Ende mit einem dichten Geflecht aus Seidenfäden überzogen ist und das befallene Hummelvolk zugrunde geht.

Wachsmotten gehören zur Familie der Zünsler und kommen in Mitteleuropa mit acht Arten vor. Neben der Hummel-Wachsmotte

(Aphomia sociella) sind es vor allem die Große Wachsmotte *(Galleria mellonella)* und die Kleine Wachsmotte *(Achroia grisella)*, die es auf die Nester von Honigbienen oder Hummeln abgesehen haben. Wachsmotten sind dämmerungsaktive Kleinschmetterlinge, deren Weibchen bei Einbruch der Dunkelheit – geleitet durch ihren Geruchssinn – versuchen, in Hummelkolonien einzudringen. Dabei können sie selbst von nachtaktiven Insektenjägern wie Igeln oder Spitzmäusen verzehrt werden, denen sie auf ihren Wegen begegnen. In einem naturnah angelegten Garten, in dem Igel, Spitzmäuse und andere Tiere für ein gesundes Gleichgewicht aus Nützlingen und Schädlingen sorgen, wird es deshalb kaum dazu kommen, dass sich Wachsmotten im Übermaß ausbreiten.

Um das Eindringen von Wachsmotten in Hummelkästen zu verhindern, sollte man schon beim Bau darauf achten, dass die einzelnen Bretter möglichst genau zusammenpassen, und entstandene Ritzen oder Spalten mit Holzleim oder Holzkitt abdichten. Eingebohrte Lüftungsschlitze oder Löcher in den Kästen sollte man immer mit einem Streifen Fliegengaze zukleben. Vorbauten vor dem Eingangsloch können ebenfalls dazu dienen, Wachsmotten den Zugang zum Hummelnest zu erschweren. Ebenso der Einbau einer kleinen Pendeltür vor dem Einflugloch, wie sie von Hummelexperten empfohlen wird (siehe auch Seiten 69, 70 und 80, 81).

Während der Duft von Lavendel oder Salbei viele Insektenarten in unsere Gärten lockt, ist er für Wachsmotten eher unangenehm und kann sie vergrämen oder vertreiben. Um die abschreckende Wirkung der Pflanzendüfte zu nutzen, kann man schon vor der Erstbesiedlung des Hummelkastens etwas klein geschnittenen Lavendel unter die Kleintierstreu mischen beziehungsweise im Vorbau oder am Einflugloch ausbreiten. Von Lavendelstauden oder Salbeistauden, die in der Nähe der Kästen wachsen, geht ebenfalls eine gewisse abweisende Wirkung auf Wachsmotten aus, während diese Pflanzen für die Hummeln willkommene Nahrungsquellen sind.

Hummeln und Blüten

Wenn Hummeln Blüten besuchen, sammeln sie dort bekanntlich Nektar und Pollen. Nektar, eine zuckersüße Flüssigkeit, sondert die Blüte aus einer Drüse am Grund ihrer Kronblätter ab. Mit dieser Nektarquelle, die sich oft unter extravaganten Blütenformen verbirgt, hält die Blüte praktisch ein Gastgeschenk für ihre treue Bestäuberkundschaft bereit, denn ohne deren Transportdienste bliebe sie selbst unfruchtbar, unfähig zur Ausbildung von Früchten und Samen.

Der süße Blütensaft enthält Vitamine, Eiweiße, Mineralien und vor allem Kohlenhydrate, die für eine rasche Energiezufuhr im Hummelkörper sorgen. Einen Großteil des Nektars, den Hummeln an einer Blüte sammeln, verbrauchen sie an Ort und Stelle gleich selbst, sei es beim Fliegen oder beim Erhöhen oder Absenken ihrer Körpertemperatur. Wissenschaftlichen Untersuchungen zufolge sammelt eine Hummelarbeiterin täglich etwa 400 Milligramm Nektar, von dem sie 150 Milligramm für den Eigenbedarf benötigt. Etwa 450 Blüten muss sie für 400 Milligramm Nektar besuchen. Wie alle Bienen oder auch Schmetterlinge saugen Hummeln die süße Pflanzengabe mit ihren Rüsseln auf. Dabei müssen sie sich oft durch sehr komplizierte Blütenformen hindurchzwängen. Die Blüte hat ihren Bestäubungsgästen den Weg zur Nektarquelle jedoch durch bestimmte Farben oder Linien, die Saftmale, vorgezeichnet, sodass die Hummeln wissen, wo sie ihre Rüssel einführen müssen, um an die zuckerhaltige Flüssigkeit zu gelangen.

Als vor 100 Millionen Jahren die ersten echten Blütenpflanzen auf der Erde erschienen und sich von Insekten bestäuben ließen, eröffneten sich völlig neue Perspektiven für die Pflanzenwelt. Die Pflanzen entwickelten bisher unbekannte Blütenformen, die auf bestimmte Insektenarten zugeschnitten waren. Sie schmeichelten ihnen mit Lockfarben und Saftmalen und »erfanden« schließlich Nektarien. Mit diesen süßen Quellen in ihrem Inneren lenkten sie die Aufmerksamkeit der hungrigen Insekten nun ganz auf sich. Konnten sie bisher nur Pollen spenden, für die sich allenfalls Käfer mit ihren kauenden Mundwerkzeugen interessierten, erschienen jetzt echte Blütenbestäuber wie Bienen, Schmetterlinge oder Fliegen, die mit ihren Saugrüsseln imstande waren, die kostbare Flüssigkeit im Inneren der Blüten aufzunehmen. Mit den neuartigen Nektarien gerieten aber auch diese rüsseltragenden Insekten zunehmend unter Konkurrenzdruck, denn alle waren sie darauf aus, am süßen Getränk im Blüteninneren zu naschen. Gleichzeitig entwickelten Blüten zum Teil derart komplizierte Strukturen, dass es nur bestimmten Insekten möglich war, zur begehrten Nektarquelle vorzustoßen. Doch auf jede »Innovation« der Blüte reagierten die Bestäuberinsekten mit Anpassung, was sicherlich auch dazu führte, dass sich unsere heutigen Hummelarten durch unterschiedliche Rüssellängen voneinander unterscheiden und Vorlieben für bestimmte Blumen zeigen.

Hummeln brauchen sehr lange, um ein Nektarversteck in einer Blüte aufzuspüren. Haben sie den richtigen Blütentyp für sich entdeckt, bleiben sie dieser Blütenart ihr Leben lang treu. Dabei werden Formen mit langer Kronröhre und tief liegenden Nektarien vorwiegend von langrüsseligen Hummelarten besucht. Kurzrüsselige Arten müssen sich dagegen viel tiefer in solch enge Blütenröhren hineinzwängen, ehe sie die Nektarquellen mit ihren Rüsseln erreichen, und halten sich deshalb eher an plattförmige Blüten mit kurzen, offenen Kelchen. Während alle Arbeiterinnen der Honigbienen gleich lange Rüssel von nur 6,5 Millimeter Länge besitzen, gibt es bei den

Hummeln deutliche Unterschiede. So ist der Rüssel einer Arbeiterin der kurzrüsseligen Dunklen Erdhummel *(Bombus terrestris)* 8 bis 9 Millimeter lang, während er bei einer Arbeiterin der langrüsseligen Gartenhummel *(Bombus hortorum)* 14 bis 16 Millimeter misst.

Auf Nebenwegen zum Nektar

Nicht immer lässt sich voraussagen, welche Hummel für welchen Blütentyp in Frage kommt. Ungeduldige Hummeln mit kurzen Rüsseln, wie etwa die Feldhummel, beißen lange Kronröhren über der Nektarquelle an und naschen am süßen Blütensaft, ohne im engen Blütenschlauch herumkriechen zu müssen und ohne dass sie der Spenderblume dafür danken. Andererseits gibt es auch Fälle, in denen sich Blüten exklusiv von Insekten bestäuben lassen, ohne dass ihre Gäste etwas davon haben.

Blüten im Insektenkostüm

Orchideen der Gattung Ragwurz suggerieren den Insektenmännchen ihrer Bestäuberkundschaft, dass es sich bei ihren Blüten um paarungsbereite Weibchen handelt. Die Orchideenblüten ahmen ein echtes Insektenweibchen nicht nur in Größe, Form, Farben oder der Körperbehaarung nach – sie verströmen auch einen Duft, der mit dem ihres Vorbilds identisch ist.

Neben der Bienen-Ragwurz oder Fliegen-Ragwurz gehört auch die Hummel-Ragwurz *(Ophrys holoserica)* zu diesen bemerkenswerten Pflanzen, bei denen die Männchen einer bestimmten Insektenart zum Narren gehalten werden. Ist ein Hummelmännchen durch die chemischen Botenstoffe angelockt worden, landet es auf der Lippe der Orchideenblüte und beginnt mit Paarungsbewegungen. Dabei stößt es mit seinem Kopf an einen Blütenteil, an dem sich sowohl Narbe als auch Pollen befinden, und gleichzeitig kleben sich an seiner Stirn zwei sogenannte Pollinien – klebrige Pollen – fest, die das Männchen dann zu anderen Ragwurzblüten weitertransportiert. Beim nächsten Paarungsversuch des Männchens mit einer Ragwurzblüte wird dann der Pollen, der ihm am Kopf klebt, auf die Blüte übertragen, sodass es zur Befruchtung kommt. Irgendwann bemerkt schließlich auch das Hummelmännchen, dass etwas mit den Weibchen, die es bereitwillig empfangen, nicht stimmt. Aber dann haben die Orchideenblüten in der Regel schon ihr Ziel erreicht.

Vertraute Blütenformen
Einige Pflanzen haben Bestäubungsmechanismen entwickelt, die speziell auf Hummeln zugeschnitten sind.

Bei den nur in den Alpen und Mittelgebirgen vorkommenden Arten des Eisenhuts *(Aconitum)*, wunderschönen, aber hochgiftigen Pflanzen, geht dieses Zusammenspiel so weit, dass sie sich exklusiv von der Eisenhuthummel *(Bombus gerstaeckeri)* bestäuben lassen. Gäbe es die Eisenhuthummel nicht, würde auch der Eisenhut aussterben – und umgekehrt.

Die Luzerne lässt sich durch eine recht rüde Methode von Insekten bestäuben. Wenn eine Hummel auf

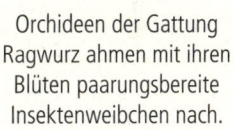

Orchideen der Gattung Ragwurz ahmen mit ihren Blüten paarungsbereite Insektenweibchen nach.

der unteren Blütenlippe landet, schnellen dort Stempel und Staubgefäße heraus, das Tier wird am unteren Teil des Kopfes getroffen und reichlich mit Pollen gepudert. Die robuste Hummel lässt sich davon aber nicht abschrecken und besucht die Luzernenblüte weiterhin. Den Honigbienen ist der Schleudermechanismus der Luzerne dagegen so unangenehm, dass sie auf Nebenwegen zum Nektar vorstoßen: Sie durchbohren das Blütengewebe von außen mit ihren

Mundwerkzeugen und können so an der süßen Quelle saugen, ohne ihrer Bestäuberaufgabe nachzukommen.

Die Salbeiblüte pudert ihre Blütengäste dagegen von oben mit Blütenstaub. Um an die Nektarquelle zu gelangen, müssen die Besucher am Eingang der Kronröhre erst einmal eine Art Platte verschieben. Dabei senken sich zwei lange Staubbeutel über den Gast und entleeren den Pollen auf dessen Rücken. Mit diesem ausgeklügelten Schlagbaummechanismus kommen Hummeln und Honigbienen gleichermaßen gut zurecht. Schmetterlingen aber bleibt der Weg zur Nektarquelle verschlossen. Mit ihren langen, filigranen Rüsseln gelingt es ihnen nicht, die Platte am Blüteneingang zu verschieben.

Die Klatschmohnblüte bildet etwa 2,5 Millionen Pollenkörnchen aus, die vom Wind verbreitet oder von Bestäuberinsekten aufgenommen werden. Die Pflanzen öffnen ihre Blüten vor allem in den frühen Morgenstunden und ihre zahlreichen Bestäubungsgäste richten sich danach. Wenn Hummeln eine Klatschmohnblüte besuchen, beginnen sie laut zu brummen. Durch die Vibrationen, die sie dadurch erzeugen, rieselt der Pollenstaub nun in einer Wolke auf sie herab und bleibt an ihren Körperhaaren haften.

Der Gefranste Enzian hat einen »Bart« am Eingang seiner langen Kronröhre, der Insekten daran hindert, hineinzukriechen. Deshalb gelingt es nur langrüsseligen Hummeln und Schmetterlingen, zu den tief liegenden Nektardrüsen vorzustoßen. Kurzrüsselige Hummeln nutzen aber oft den »illegalen« Weg zum Nektar und beißen die Blüte von außen her an.

Das Immenblatt, ein Lippenblütler, ist eine von vielen Pflanzen, bei denen sowohl Hummeln als auch Honigbienen von der Technik des Blüteneinbruchs profitieren. Auch beim Immenblatt können nur langrüsselige Hummeln und Falter den Nektar in der langen Blütenröhre erreichen. Für diesen offiziellen Weg sind die Rüssel von Honigbienen zu kurz und deren Mundwerkzeuge zudem zu schwach, um das Blütengewebe von außen aufzubeißen. Der seitliche Blüteneinbruch ist das Werk von kurzrüsseligen Hummeln, die sich auf diese Weise gleichzeitig als Wegbereiter für Honigbienen betätigen. Die kurzrüsseligen Hummeln saugen den Blütennektar,

Immenblatt

Klatschmohn

an den sie auf »illegalem« Weg gekommen sind, nie vollständig auf, sodass Honigbienen später ihre Rüssel in die Löcher stecken und auch noch ein paar Tröpfchen davon abbekommen. Das Nachsehen bei diesem Nektarraub hat das Immenblatt, denn es wird dabei natürlich nicht bestäubt.

Pollen für den Hummelnachwuchs

Während Nektar den Hummeln vor allem als Betriebsstoff für ihr arbeitsreiches Leben dient, verfüttern sie Pollen hauptsächlich an ihre hungrigen Larven.

Bei den meisten Pflanzen sitzt der Fruchtknoten mit den Samenanlagen in der Mitte der Blüte. Er wird durch den Griffel nach oben hin verlängert und endet mit einer klebrigen Narbe. Umgeben werden diese Elemente von Kelchblättern und Kronblättern sowie von Staubblättern, die Pollenkörnchen oder Blütenstaub in großen

Mengen produzieren. Die geschlechtliche Fortpflanzung einer Blütenpflanze setzt voraus, dass ihr Pollen die Narbe einer Blüte der gleichen Art erreicht. Diesen Pollentransfer übernehmen Hummeln, Bienen oder andere Bestäuberinsekten. Auf der klebrigen Narbe beginnen die Pollenkörnchen zu keimen und bilden einen Schlauch, der hinunter zum Fruchtknoten wächst. Dort verschmilzt der Inhalt des Pollenschlauches mit der Samenanlage und die Pflanze ist befruchtet. Nach der Befruchtung entwickelt sich ein Samen und aus dem Fruchtknoten schließlich die Frucht.

Pollen enthalten Mineralien, Fette und Stärke, vor allem aber große Eiweißmengen, die dafür sorgen, dass sich eine Hummellarve im Eiltempo zum fertigen Insekt entwickeln kann. Die mikroskopisch kleinen Pollenkörner sind von einer sehr widerstandsfähigen Schicht umgeben, die arttypische Ornamente und Farben zeigt, sodass sich daran oft die Pflanzenart und somit auch die Trachtpflanzen einer Hummelart erkennen lassen. Bei Untersuchungen unter dem Rasterelektronenmikroskop konnte man so auch nachweisen, dass Hummeln ausgesprochen blütentreu sind. Bei 380 Blütenstaubpäckchen, die Hummeln gesammelt hatten, stammten die Pollen in 188 Fällen von nur einer Pflanzenart und in 155 Päckchen von nur zwei Pflanzenarten.

Wenn man eine Hummel im Frühjahr auf einer Löwenzahnblüte beobachtet, hat man den Eindruck, dass sie praktisch mit dem gesamten Körper Pollen sammelt. Ihr Haarpelz ist überall mit gelbem Blütenstaub gepudert, der erst einmal zusammengefegt und verstaut werden muss, bevor er überhaupt zum Nest transportiert werden kann. Beim Verpacken der Pollenkörnchen zeigen Hummeln unterschiedliche Strategien. Eine weit verbreitete Technik besteht darin, dass der Blütenstaub mit dem vorderen und mittleren Beinpaar zusammengebürstet und zum Mund transportiert wird. Dort wird er mit etwas Nektar befeuchtet und zu den Hinterbeinen befördert, wo sich auf den Innenseiten der Schenkel an einer unbehaarten Stelle jeweils ein »Körbchen« befindet. Der nun klebrige Pollenbrei wird mit einem Fersenglied, dem Pollenschieber, von unten her in das Körbchen geschoben, festgedrückt und zum sogenannten Pollenhöschen geformt. Hummeln können etwa viermal so viel Pollen wie eine Honigbiene in ihren Körbchen unterbringen und bis zu 60 Prozent ihres Körpergewichtes an Pollen transportieren, nutzen diese Kapazitäten bei ihren Sammelflügen in der Regel aber nur zu etwa einem Viertel aus.

Die Suche nach der richtigen Blüte

Wenn eine Sammlerin oder Jungkönigin zum ersten Mal ausfliegt, weiß sie nicht, wo es geeignete Trachtpflanzen gibt, bei welcher Blütensorte sie Nahrung im Überfluss findet oder wo sich ein Besuch nicht lohnt. Die Hummel ist zunächst einmal mehr oder weniger orientierungslos. Sie probiert ihr Glück bei den verschiedensten Pflanzenarten, denn sie muss erst einmal herausfinden, wie die Blüten beschaffen sind, ob sie komplizierte Strukturen besitzen und wo sich deren Nektarquellen verbergen.

Arbeiterinnen, die ihre Sammellaufbahn manchmal schon zwei Tage nach dem Schlüpfen beginnen, lernen durch Erfahrung. In einem blütenreichen Garten werden sie zunächst das ganze Spektrum der Pflanzen erkunden, in schnellem Flug über dem Gelände kreisen und sich nur kurz auf einer Blüte niederlassen. Nach den ersten nervösen Sammelrunden verweilen sie dann länger an bestimmten Pflanzenarten. Sie haben jetzt ihre »Lieblingsblumen« mit lohnenden Trachtquellen gefunden, prägen sich deren Standorte ein und besuchen sie auf festgelegten Routen, während sie unergiebige Blüten von nun an meiden.

Um herauszufinden, wie sich Hummeln bei ihren Trachtflügen orientieren, wurden die verschiedensten wissenschaftlichen Untersuchungen angestellt. Als sicher gilt, dass Hummeln im Gegensatz zu Honigbienen keinen inneren »Sonnenkompass« besitzen.

Honigbienen nutzen das Magnetfeld der Erde und den charakteristischen Duft, der von jeder Pflanzenart ausgeht, um eine lohnende Trachtquelle auszumachen und wiederzufinden. Diese Informationen teilen sie den anderen Sammlerinnen im Stock über ihre berühmten

Schwänzeltänze auf der vertikalen Wabe mit und geben ihren Kolleginnen so gezielte Hinweise zur Futterquelle. Erfahrene und besonders fleißige Sammlerinnen der Hummelkolonie können ihre etwas bequemeren Schwestern allenfalls dazu animieren, ebenfalls auszufliegen und Nahrung für das Volk heranzuschaffen. Gleichzeitig tut auch der Duft der eingetragenen Nahrung seine Wirkung. Die noch etwas unentschlossenen Arbeiterinnen werden davon betört, fliegen aus und suchen gezielt nach Blüten, die den gleichen Duft verströmen. Sammlerinnen in der Lernphase, die sich draußen im Blütendschungel noch nicht so richtig zurechtfinden, beobachten die erfahrenen Sammlerinnen ihrer Kolonie auch häufig beim Blütenbesuch. Wenn die Blüte, die sie selbst gerade bearbeiten, keinen Ertrag ergibt, wechseln sie auf die Blüte ihrer erfahrenen Schwester, die sich dort ohne großen Aufwand mit Nektar und Pollen versorgt.

Orientierung an Wegmarken

Der Hummelkopf trägt – wie auch der von Libellen oder Honigbienen – ein Paar Komplexaugen, das sich aus vielen tausend Einzelaugen, die optisch voneinander getrennt sind, zusammensetzt. Mit Hilfe dieser Komplexaugen bekommt die Hummel ein grobes Bild ihrer Umgebung, das weit weniger scharf ist, als dies mit unseren Augen möglich ist. Drei zusätzliche Punktaugen zwischen den Komplexaugen dienen der Hummel zur Wahrnehmung von Hell und Dunkel. So kann sie sich tagsüber am Sonnenlicht orientieren und sich trotz ihrer etwas »verschwommenen« Sichtweise bestimmte auffällige Wegmarken, zum Beispiel hohe Bäume oder Gebäude, auf ihren Sammelflügen einprägen. Würde sich die Hummel bei einem abendlichen Sammelausflug derart verspäten, dass es völlig dunkel wird, fände sie vermutlich nicht mehr zu ihrer Kolonie zurück.

Hummeln nutzen nicht alles, was ihnen blüht

Obwohl Hummeln keine solch ausgeprägte Kooperation beim Sammeln zeigen wie Honigbienen und auch weniger als diese an Massentrachten interessiert sind, stehen sie doch unter dem angeborenen Kollektivzwang, Nahrung für ihr Volk zu beschaffen und diese Versorgung kontinuierlich aufrechtzuerhalten.

Mitunter fragt man sich, warum eine Hummel immer wieder die gleiche Pflanzenart besucht, obwohl es doch den ganzen Sommer über ständig neue Blütenangebote gibt. Da eine Sammlerin aber nur zwanzig bis dreißig Tage lebt, müsste sie jedes Mal wieder lernen, mit neu aufgetauchten Blütenformen umzugehen, und dafür ist ihre Lebenszeit zu kurz. Dennoch kann man Hummeln während der gesamten Blühperiode an den verschiedensten Blütenpflanzen beobachten, denn ständig verlassen frisch geschlüpfte, unerfahrene Sammlerinnen die Hummelkolonie und suchen sich ihre Lieblingsblumen im ständig wechselnden Blütenangebot des Sommers aus.

Individuelle Sammelstrategien

In der Regel finden Hummeln nur wenige Trachtpflanzen »direkt vor der Tür«. Sie müssen mehr oder weniger lange Wege zu verstreut stehenden Blüten zurücklegen, damit sich ein Sammelausflug lohnt. Dabei sind sie naturgemäß darauf bedacht, ihre Nahrung möglichst effizient zu sammeln, und abgesehen von den wenigen Spezialisten unter ihnen, die an eine bestimmte Pflanzenart oder Pflanzengattung gebunden sind, können sie flexibel auf unterschiedliche Pflanzenangebote reagieren. Allgemein lassen sich anhand ihres Sammelverhaltens die Gruppen der »Haustürsammler« und »Fernsammler« unterscheiden.

Arbeiterinnen aus der Gruppe der Haustürsammler befliegen vor allem Trachtpflanzen in unmittelbarer Nähe ihres Nestes und sind nicht auf eine bestimmte Pflanzenart oder Pflanzenfamilie festgelegt. Sobald eine Pflanzenart verblüht ist, können sie zu einer anderen überwechseln. Da aber viele Blütenpflanzen aus unserem Landschaftsbild verschwunden sind, entstehen immer wieder Nahrungslücken, und man kann beobachten, wie Hummeln bereits ausgebeutete Blüten erneut besuchen, um noch die letzten Tröpfchen Nektar aus ihnen herauszuholen. Zu den Haustürsammlern gehören vor allem langrüsselige Arten wie die Veränderliche Hummel, die Grashummel oder die Waldhummel.

Als Fernsammler werden dagegen Arten bezeichnet, die mitunter bis zu zwei Kilometer zurücklegen, um zu ihren Trachtpflanzen zu gelangen. Zu ihnen gehören vorwiegend kurzrüsselige Hummelarten wie die Steinhummel oder die Erdhummel. Die Fernsammler legen sich eher auf eine bestimmte Pflanzenart fest, die in größeren Beständen vorkommt. Sobald diese Pflanze verblüht ist, müssen sie den Umgang mit einer anderen Blütenart neu lernen.

Vom »Wert« der Hummeln

Die Entwicklung von Blütenpflanzen und Bestäuberinsekten verläuft seit 100 Millionen Jahren auf parallelen Wegen und dabei haben sich sowohl die Pflanzen als auch ihre Blütengäste mit ihren Formen und ihrem Körperbau so aufeinander eingestellt, dass sich daraus mehr oder weniger enge Partnerschaften ergeben haben.

Wissenschaftlichen Untersuchungen zufolge setzt sich die Besucherliste unserer heimischen Blütenpflanzen etwa zur Hälfte aus Zweiflüglern wie Schwebfliegen, aus Käfern und aus Schmetterlingen zusammen. Die andere Hälfte besteht aus Hautflüglern und dabei zu 95 Prozent aus Bienen oder Hummeln. Hummeln und Bienen interessieren sich natürlich nicht für Statistiken oder Leistungen, die sie als Bestäuberinsekten erbringen. Ihnen geht es einzig und allein darum, das Nahrungsangebot, das ihnen eine Pflanze bietet, möglichst effektiv für sich und ihren Nachwuchs zu nutzen.

Durch ihren Sammelfleiß bedingt, tragen Bienen und Hummeln aber in sehr wesentlichem Maße zur Bestäubung unserer Kulturpflanzen bei. Dass sich aus einer Blüte ein saftiger Apfel entwickeln kann, verdanken wir zum Beispiel den Bestäubungsdiensten von Hummeln oder Bienen. Viele der von uns wirtschaftlich genutzten Pflanzen wie Senf, Raps, Erbsen oder Bohnen werden vornehmlich von Hummeln besucht. Die Luzerne wird zu 1 Prozent von Honigbienen bestäubt, zu 20 Prozent von Wildbienen und zu fast 80 Prozent von Hummeln. Beim Rotklee tragen Hummeln mit 70 bis 100 Prozent den Hauptteil der Bestäubung.

Die für unsere Ernährung so wichtigen Bestäubungsdienste, die Insekten bei ihren Blütenbesuchen erbringen, hängen vor allem von den Körperformen, Lebensweisen und individuellen Interessen der Tiere ab. Ein Käfer besucht eine Blüte in der Regel nur, weil er Hunger hat und ein paar Pollen ernten möchte. An seinen polierten Deckflügeln und den wenigen Körperhaaren auf der Bauchseite bleibt nur wenig Blütenstaub haften und er gehört deshalb nicht zu den potentiellen Blütenbestäubern. Ähnlich verhält es sich mit Schmetterlingen, die sich mit Nektar versorgen, aber mit ihren Flügeln oder Beinen nur wenig Blütenstaub zur nächsten Blüte tragen. Honigbienen werden als unsere wichtigsten Bestäubungsinsekten betrachtet und spielen schon deshalb eine dominierende Rolle, weil ein Bienenstaat aus 10 000 bis 15 000 überwinternden Tieren bestehen kann und eine große Schar von Sammlerinnen im folgenden Frühjahr unverzüglich mit der Nektar- und Pollenernte beginnen kann. Eine einzelne überwinternde Hummelkönigin muss ihre eigene kleine Sommerkolonie dagegen erst einmal gründen, während es bei den Honigbienen bereits in rasantem Tempo vorwärtsgeht.

Trotz ihrer im Vergleich zu Honigbienen schlechten Startbedingungen und ihrer Kurzlebigkeit sind Hummelkolonien keinesfalls so etwas wie primitive Vorläufermodelle eines hochkomplexen Bienenstaates. Hummeln bilden ein uraltes Insektengeschlecht, das sich erfolgreich neben den Honigbienen behauptet und das Nahrungsangebot der Blütenpflanzen dabei auf individuelle Weise zu nutzen versteht. So arbeiten die im Vergleich zu den Honigbienen etwas behäbig wirkenden Hummeln bei ihren Blütenbesuchen im Eiltempo. Eine Hummel besucht bis zu zwanzig Einzelblüten pro Minute, während eine Honigbiene dafür etwa fünfmal so lange braucht. Das hohe Arbeitstempo der Hummeln geht dabei nicht etwa zu Lasten der Gründlichkeit, denn die Tiere bringen in ihren »Beintaschen« pro Trachtflug eine weitaus größere Pollenfracht zum Mutternest als Honigbienen.

Bedingt durch ihren robusten Körperbau, kräftige Mundwerkzeuge oder lange Rüssel können einige Hummelarten auch Pflanzen mit engen, kompliziert gebauten Blütenröhren bestäuben, darunter auch viele Nutzpflanzen und Zierpflanzen in unseren Gärten wie Borretsch, Akelei, Lupine oder Edelwicke.

Einen besonderen Vorteil gegenüber anderen Bestäuberinsekten haben die pelzigen Hummeln durch ihre Kälteresistenz. Schon bei unwirtlichen 2 °C können Hummelköniginnen zu ihren Sammelflügen starten und sind dann die einzigen Blütenbesucher.

Im Gegensatz zu Honigbienen sind Hummeln auch bei niedrigen Temperaturen imstande, ihre Körpertemperatur über einen längeren Zeitraum bei etwa 35 °C konstant zu halten. Diese aktive Thermoregulation kostet viel Energie, sodass der gesammelte Nektar zu einem großen Teil gleich wieder »verheizt« wird.

Das dichte Haarkleid und die innere Wärmepumpe ermöglichen es den Hummeln zudem, bereits am frühen Morgen und bis in die Abenddämmerung hinein aktiv zu sein, wodurch sie Pflanzen als Nahrungsquellen nutzen können, die nur zu diesen Zeiten ihre Blüten öffnen, zum Beispiel Klatschmohn oder Nachtkerzen. Hummeln beherrschen auch die Technik, Pollen aus einer Blüte herauszuschütteln: Ohne ihre Flügel zu bewegen, erzeugen sie mit ihrer Flugmuskulatur Vibrationen, wodurch die Pollenkörnchen aus den Staubbeuteln von Tomatenblüten oder Rosenblüten herabrieseln und an den Körperhaaren der Sammlerinnen hängen bleiben. Die Hummeln müssen sie dann nur noch zusammenbürsten und in ihren »Beintaschen« verstauen.

Die moderne Agrarwirtschaft macht Hummeln das Leben schwer

Obwohl Hummeln in wesentlichem Maße an der Bestäubung unserer Nutzpflanzen beteiligt sind, hat sich die moderne Landwirtschaft zu einem ihrer ärgsten Feinde entwickelt. Mit den Monokulturen der Agrarbetriebe und ihrer Spezialisierung auf neu gezüchtete, ertragreichere Sorten mit schneller Fruchtfolge können viele Hummelarten nicht mehr Schritt halten. Seit Urzeiten sammeln sie an vertrauten Blütenpflanzen, die ihnen kontinuierlich zur Verfügung stehen. Eine unter Produktionszwang stehende Agrarwirtschaft kann ihnen diese nicht mehr bieten. Mit der Modernisierung der bäuerlichen Betriebe gingen zahllose Flurbereinigungsmaßnahmen einher, durch die die Natur immer monotoner und artenärmer wurde. Es entstanden riesige Nutzflächen und gleichzeitig verschwanden die alten Wirtschaftswege mit ihren Randbiotopen, den Hecken, Obstbäumen und Feldrainen mit farbenprächtigen Ackerwildkräutern wie Kornblume, Kornrade, Ackerrittersporn oder Echter Kamille.

Durch die Neustrukturierung der Agrarflächen mit ihren asphal-
tierten Wirtschaftswegen, die den Einsatz von modernen Landma-
schinen erst ermöglichen, werden gleichzeitig riesige Mengen von
chemischen Giften in die Landschaft gebracht, ohne die ein unter
Kostenzwang stehender Landwirt heute nicht mehr wirtschaften
mag. Neben Kunstdünger für schnelles Pflanzenwachstum gibt es
chemische Bekämpfungsmittel gegen alle möglichen Pflanzenschäd-
linge, die jedoch selten nur diejenigen treffen, die es treffen soll. So
werden mit Herbiziden nicht nur unerwünschte Pflanzen innerhalb
der Monokulturen vernichtet, sondern nebenbei auch die Wildblumen am Feldrand, die für Hummeln, Wildbienen oder Schmetterlinge
als Nahrungsquellen wichtig sind. Der ständige Gebrauch chemischer
Spritzmittel oder Düngemittel in der Landwirtschaft wirkt sich auf
viele Hummelarten auch auf andere Weise aus: Weil Nagetiere als
Schädlinge gelten, werden sie mit speziellen Nagetiergiften, Roden-
tiziden, bekämpft und auch die wenig beliebten Mäuse sind davon
betroffen. Hummeln geraten dadurch zunehmend in Wohnungsnot,
weil sie vorzugsweise verlassene Mäusegänge besiedeln, in denen es
nach ihren Vorbesitzern duftet.

Neben den Feldern hat sich auch unsere Wiesenlandschaft grund-
legend verändert. Statt einer bunten Palette von Wiesenblumen, an
denen sich Hummeln, Honigbienen oder Schmetterlinge tummeln,
sieht man ein sattes Einheitsgrün, hervorgebracht durch hohe Stick-
stoffmengen. In der heutigen Tierhaltung werden viele Tiere intensiv
gemästet. Die Tiere benötigen große Mengen Grünfutter und machen
viel Mist, der direkt oder in Form von Gülle wieder auf die Wiesen ge-
langt. Mit zusätzlichen Mineraldüngergaben werden die Nutzwiesen
zu immer neuen Wachstumsleistungen gebracht und ermöglichen
so eine mehrmalige Mahd im Jahr. Gleichzeitig werden dabei aber
viele für Hummeln wichtige Nahrungspflanzen wie Glockenblume,
Blutwurz oder Steppensalbei unterdrückt. Diese können durch eine
Mahd vor ihrer Samenreife keine Samen mehr ausbilden, kümmern
unter dem Überangebot an Nährstoffen und verschwinden schließlich aus dem Wiesenbild.

Neue Blütenschönheiten im Garten
bieten Hummeln kaum Nahrung

Auch im menschlichen Siedlungsbereich geht es den Hummeln zunehmend schlechter. Wir mögen die freundlichen, hübschen Insekten und würden ihr Verschwinden mit Bedauern zur Kenntnis nehmen. Und dennoch tut sich eine tiefe Kluft auf zwischen dem, was wir für uns selbst als schön erachten, und einer Hummel, die völlig andere Lebensansprüche hat. Rund um die menschlichen Wohnbereiche herrschen heute Sauberkeit und Ordnung. Urwüchsige Brombeergebüsche mit ihren Wildblumensäumen und unkultivierte Rasenflächen sind aus den öffentlichen Parks und Grünanlagen verschwunden. Koniferen, Rhododendron oder Kirschlorbeer prägen das Bild ebenso wie Rosenbeete, monotone Rasenflächen oder immergrüne Bodendecker.

Und schließlich erhielten auch viele Gärten ein neues Gesicht. Die Streuobstwiese oder der Bauerngarten, in dem Obstbäume, Beerensträucher, Gemüsepflanzen, Küchenkräuter, Rittersporne, Sonnenblumen oder Astern eine bunte Mischung ergeben und Hummeln vom Frühjahr bis in den Herbst hinein stets neue Nahrungsquellen finden, kamen aus der Mode. Der Anbau von Obst und Gemüse lohnt sich für viele Menschen nicht mehr, denn schließlich lässt sich alles im Supermarkt kaufen. Mancher Gartenbesitzer steckt viel Geld in die repräsentative Ausstattung seines Gartens und so mancher Nachbar versucht den anderen darin zu überbieten. Zuchtformen exotischer Pflanzen, viel opulenter in ihrer Blütenpracht als heimische Wildblumen in ihrer bescheidenen Anmut, sollen die Gärten ansehnlicher machen, aber unsere Hummeln ignorieren die fremden Schönheiten und zeigen unmissverständlich, welche Sträucher, Bäume oder Blumen sie bevorzugen: nämlich heimische. Das ist so, weil die Symbiose, die Hummeln mit ihren spezifischen Pflanzenarten eingegangen sind, oft so eng ist, dass die Tiere ohne diese Pflanzen verhungern. Andererseits haben sich die Blüten vieler Pflanzen in Millionen von Jahren selbst so entwickelt, dass sie auf bestimmte Hummelarten mit angepassten Mundwerkzeugen als Bestäuber und Samenverbreiter angewiesen sind.

Obwohl sich die Situation unserer Hummeln und damit zwangsläufig auch jener Wildpflanzen, von deren Nahrungsangebot die Insekten abhängig sind, in den letzten Jahrzehnten weiter verschlechtert hat, geschieht im öffentlichen Bereich nur wenig, um ihr Überleben zu sichern. Deshalb bekommen Privatgärten als Zufluchtsorte für die bedrohte Tier- und Pflanzenwelt eine immer größere Bedeutung. Die Zeiten, in denen sich bunt blühende Wildpflanzen wie Glockenblumen, Klappertopf, Esparsette, Wiesensalbei oder Wiesenflockenblumen in unseren Gärten von selbst ansiedelten, sind allerdings vorbei. Ein Blick über den Gartenzaun zeigt uns allzu oft, dass es sie in unserer Umgebung nicht mehr gibt. Wildblumen, denen man früher kaum Beachtung schenkte, weil sie an fast jeder Ecke blühten, sind heute so selten geworden, dass man sie in Form von gekauften Samen oder Jungpflanzen in den Garten holen muss – und weil sich die Wildblumenflora in ihrer einstigen Vielfalt nicht mehr von selbst regenerieren kann und Hummeln sie als Nahrungsquelle brauchen, sollte man es eigentlich auch tun.

Gefüllte Dahlie   Ungefüllte Dahlie

Viele Gartenblumen erinnern kaum noch an die Wildpflanzen, von denen sie abstammen. Mit ihrer Blütenpracht sind sie Zierden für unsere Gärten. Durch das Züchten neuer opulenter Blütenformen sind ihre Nektarquellen aber für viele Bestäuberinsekten unerreichbar geworden und einige von ihnen haben die Fähigkeit zur Nektarproduktion auch völlig verloren.

Nisthilfen im Hummelgarten

Hummeln im Siedlungsbereich schätzen Gärten oder Balkone, die ihnen ein reiches Angebot an Nahrungspflanzen bieten. Gleichzeitig suchen die freundlichen Brummer nach trockenen, geschützten Winkeln für ihre Nester und betrachten einen Hummelkasten durchaus nicht als bloßes Notquartier.

Inzwischen ist eine große Produktpalette an fertigen Hummelkästen sowohl für unterirdisch als auch oberirdisch nistende Arten im Handel erhältlich.

Die Kästen werden zum Teil aus langlebigem Holzbeton mit klimaausgleichenden Eigenschaften gebaut und haben sich in der Praxis sehr gut bewährt. Mit dem Kasten erhält man eine Anleitung für die Aufstellung sowie Einstreu und Polsterwolle für die Erstbesiedlung. Das Nistmaterial kann man alljährlich neu zum Auswechseln vor der jährlichen Generalreinigung des Kastens nachbestellen. Die Nachteile dieser Kästen liegen darin, dass sie relativ teuer sind und mit ihrem modernen Design nicht in jeden Garten passen.

Wer keine Lust oder kein Geschick zum Selbstbau hat, kann sich einen Hummelkasten auch als Bausatz bestellen, der dann nur noch zusammengesetzt werden muss. Letztlich gibt es auch »Hightech-Kästen« aus schaumpolystyrolähnlichem Material mit einem Klimaaufsatz, der die Nesttemperatur günstig beeinflusst. Gleichzeitig lassen sich bei diesen Kästen die Temperatur und Luftfeuchtigkeit messen oder die Länge des Laufganges verändern. Zur Ausstattung gehört zudem eine Futterstation, wo sich die Hummeln mit einer Zuckerwasserlösung stärken können.

Selbstverständlich besiedeln Hummeln auch selbst gebaute Nistkästen und wenn man gerne mit Holz arbeitet, machen solche Bauprojekte richtig Spaß und werden vielleicht auch unsere Kinder begeistern.

Welche Werkzeuge benötigt man zum Bau?

Wer eine Handkreissäge oder eine Kappsäge für korrekte Gehrungs-schnitte besitzt, ist für den Bau eines Hummelkastens beinahe professionell ausgerüstet. Es geht aber auch mit einfachen Werk-zeugen, die sich in fast jedem Haushalt finden: Hammer, Zange, Säge, Raspel, Bohrmaschine, ein kleiner Schraubstock, Winkel, Zollstock, Schraubenzieher, Bleistift, Sandpapier.

Welches Baumaterial eignet sich?

- **Holz:** Alle nachfolgend vorgestellten Hummelquartiere werden aus ungestrichenen Brettern mit einer Dicke von 2 Zentimetern gefertigt. Hiervon ausgenommen ist Holz für Vorbauten am Einflugloch, dessen Dicke jeweils im Einzelfall genannt wird. Für die Bauvorhaben eignen sich preiswerte und leicht zu verarbeitende Holzarten wie Kiefer, Fichte, Tanne oder Lärche. Das verwendete Bauholz sollte immer abgelagert und trocken sein. Ein Farbanstrich ist nicht erforderlich und kann unter Umständen auch schädlich sein, wenn die Farbe Lösemittel und Füllstoffe enthält, über deren Risiken es nur sehr allgemeine Aussagen gibt. Bedenkenlos kann man zur Imprägnierung dagegen eine umweltfreundliche Lasur auf Leinölbasis oder Bienenwachsbasis verwenden.
- Die einzelnen Holzbauteile werden zunächst passend zurecht-gesägt und die Schnittkanten dann mit Sandpapier geglättet. (Falls Sie nicht über geeignetes Werkzeug verfügen, wird das Zurechtschneiden und Glätten gegebenenfalls auch eine Schreinerei für Sie erledigen.)
- **Weitere Baumaterialien:** Dachpappe und spezielle Nägel zum Befestigen der Dachpappe; Schrauben oder Nägel zum Zusammenfügen der Holzteile; Holzleim oder Holzkitt zum nachträglichen Abdichten von Ritzen oder Fugen, um Wachs-motten oder andere Parasiten am Eindringen zu hindern.

Wie groß sollte der Hummelkasten sein?

Ein großer Hummelkasten hat eine Grundfläche von etwa 40 × 40 Zentimeter bei einer Höhe von gleichfalls 40 Zentimetern und kann ein relativ großes Hummelvolk beherbergen. Die Insekten akzeptieren aber auch kleinere Kästen mit Grundflächen von minimal etwa 28 × 28 Zentimeter und Höhen von etwa 20 Zentimetern.

Nistmaterial und Befüllung des Kastens

Als Nistmaterial eignet sich Kleintierstreu oder Holzwolle, Moos, Polsterwolle oder ein altes Mäusenest (siehe Seite 75). Steht Ihnen dieses Material nicht zur Verfügung, ist es zum Beispiel bei Anbietern von fertigen Hummelkästen oder im Zoofachhandel erhältlich. Bei der alljährlichen Reinigung des Kastens nach Ende der Hummelsaison wird das alte Material entfernt und durch frisches ersetzt. Beim Befüllen wird die Menge so bemessen, dass der Materialaufbau in der Höhe etwas über dem Niveau der Einschlupfröhre im Kasteninneren liegt. Zu viel Nistmaterial im Kasten begünstigt, dass die Hummelkönigin das Eingangsloch zuwühlt und dann nur noch über das Notflugloch nach draußen findet. Falls das Material zum Nestbau nicht reichen sollte, kann es die Hummelkönigin selbst beschaffen.

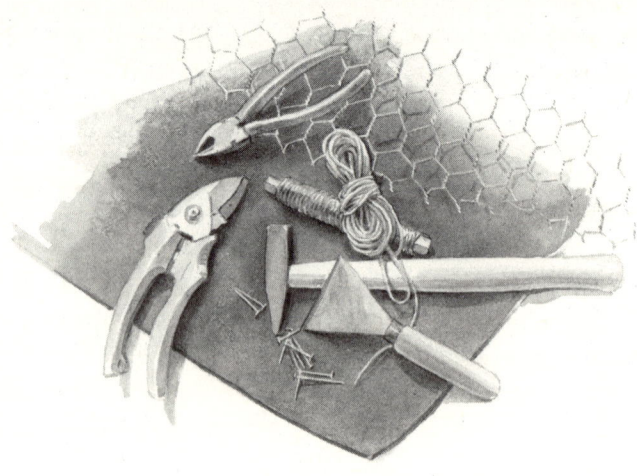

Wichtige Hinweise

Bietet man Hummeln einen Nistkasten als Behausung an, übernimmt man damit auch eine gewisse Verantwortung für das Wohlergehen der Tiere. Man kann den Kasten also nicht einfach an einem beliebigen Platz im Garten oder auf der Terrasse unterbringen, denn man weiß im Voraus ja nicht, welche Hummelart sich dort einmal einquartieren wird. So kann ein Volk der Baumhummel oder der Dunklen Erdhummel im Laufe des Sommers auf einige hundert Tiere anwachsen und wenn wir die Hummeln durch unsere Anwesenheit ständig stören, werden auch die sonst so friedlichen Insekten mitunter aggressiv. Andererseits kann eine Hummelkönigin ihren einmal gewählten Nistplatz auch wieder aufgeben, wenn sie sich belästigt fühlt, und wird dann schlimmstenfalls zugrunde gehen. Katzen und Hummeln passen auch nicht immer zusammen. Vor allem junge, verspielte Katzen interessieren sich für alles, was sich bewegt, und lauern mitunter vor einem Nistkasten, um Hummeln im Sprung zu erbeuten, obwohl sie diese gar nicht fressen.

Je nach Art können sich Hummeln für einen im Erdreich vergrabenen oder für einen oberirdisch aufgestellten Nistkasten interessieren. In beiden Fällen ist es besonders wichtig, dass der Kasten stabil, regenwasserdicht und gleichzeitig gut belüftet ist. Er muss sich leicht öffnen lassen, damit man die nötigen Reinigungsarbeiten durchführen kann oder um das Hummelvolk hin und wieder auf den Befall von Parasiten zu kontrollieren.

In Nistkästen sind Hummeln gegen Regen und Kälte und ebenso gegen natürliche Feinde wie Dachse, Spitzmäuse oder Igel geschützt, nicht jedoch vor ihrer schlimmsten Widersacherin, der duftgeleiteten Hummel-Wachsmotte (*Aphomia sociella*), siehe Seite 46. Auf Seite 81 wird beschrieben, wie man die Weibchen der Wachsmotte daran hindern kann, in einen Hummelkasten einzudringen, um dort ihre Eier abzulegen. Aufgrund solch vorbeugender Maßnahmen haben viele Hummelfreunde, die seit Jahren Hummelvölker in ihren Kästen pflegen, noch nie Probleme mit Wachsmotten gehabt. Das Eindringen dieser Nestparasiten ist aber niemals völlig auszuschließen. Auch bei regelmäßigen Nestkontrollen bemerkt man einen Befall meist erst dann, wenn es schon fast zu spät ist, nämlich, wenn sich die geschlüpften, winzigen Raupen blitzschnell in ihre Gespinstgänge zurückziehen, sobald man den Kasten öffnet. Das Herauszupfen und Einsammeln der Raupen, die sich in ihren Gespinsten verbergen, hat sich nach Erfahrungsberichten fast immer als sinnloses Unterfangen erwiesen. Umstritten ist auch der Einsatz von *Bacillus thuringiensis,* einem Bakterium, welches das Verdauungssystem der frisch geschlüpften Wachsmottenraupen zerstört. Die Raupen können nach dem Besprühen mit dem biologischen Schädlingsbekämpfungsmittel keine Nahrung mehr verdauen und sterben nach wenigen Tagen. Ökologisch bedenklich ist bei diesem Bakterium, dass es auch auf Raupen von anderen Schmetterlingen wirkt. Hummelarbeiterinnen und Schmetterlinge befliegen oft die gleichen Blüten. Kommen nun Schmetterlinge mit Blütenteilen in Kontakt, die von Hummelarbeiterinnen, an denen das Bakterium haftet, gerade besucht wurden, nehmen sie das hinterlassene Pflanzenschutzmittel auf und ihre Eigelege oder Raupen könnten dadurch beeinträchtigt werden.

Es gibt noch eine weitere Möglichkeit, ein von Wachsmotten befallenes Hummelvolk zu retten. Voraussetzung hierfür ist, dass die Zerstörung nicht zu weit fortgeschritten ist und sich noch genügend intakte Brutzellen im Nest befinden. Alle erreichbaren Raupen werden dann herausgefangen. Danach werden die Zellen, so weit es möglich ist, von den Gespinsten befreit und in den sorgfältig gereinigten alten Kasten oder in einen neuen Nistkasten gesetzt. An eine solche Rettungsaktion sollte man sich aber nur heranwagen, wenn man genügend Erfahrungen damit hat. Ansonsten wird sie zu einer Tortur für die Hummeln und das eigene Nervenkostüm.

Der Platz, an dem der Kasten eingegraben wird, sollte in jedem Fall so gewählt sein, dass die Hummeln während ihrer gesamten Entwicklungsphase ungestört sind.

Ein möglichst ungestörter Standort ist sowohl für unterirdische, eingegrabene Nisthilfen als auch für oberirdisch aufgestellte Nistkästen wichtig. Ein oberirdischer Hummelkasten sollte außerdem nicht permanent der prallen Sonne ausgesetzt sein und auch nicht ständig im Schatten stehen. Ideale Lichtverhältnisse sind Schatten in den Mittagsstunden und Sonne während des restlichen Tages. Der Kasten wird in Bodennähe aufgestellt, wobei das Einflugloch nach Osten zeigt.

Sowohl unterirdische als auch oberirdische Hummelkästen werden im Winter schadstofffrei gereinigt und mit neuem Nistmaterial gefüllt. Ende Februar, also bevor die neue Hummelsaison beginnt, sollten diese Arbeiten beendet sein (siehe auch Seite 68).

Zum Standort unterirdischer Nisthilfen

Bei unterirdischen Nisthilfen muss der Standort sehr sorgfältig gewählt werden, damit kein Wasser in den Kasten eindringen kann. Naturgemäß lässt sich ein unterirdisch eingebauter Nistkasten nur eingeschränkt vor Nässe schützen. Wenn sich das Erdreich, in das der Kasten eingraben wird, als lehmig erweist, sollte man unter dem Kasten eine etwa 30 Zentimeter dicke Dränageschicht aus Schotter, Kies oder Steinbruch anlegen, sodass überschüssiges Wasser schnell nach unten abfließen kann und nicht in den Kasten eindringt. Hierfür wird das Loch, in das der Kasten eingelassen wird, etwa 30 Zentimeter tiefer ausgeschachtet, als es für den Kasten allein notwendig wäre, und in gleicher Höhe mit Schotter, Steinbruch oder Kies wieder aufgefüllt.

Eine weitere Gefahr droht durch eine zu hohe Luftfeuchtigkeit im Inneren des Kastens, wodurch die Brutzellen rasch verschimmeln. Die natürliche Luftfeuchtigkeit in der unterirdischen Nisthilfe wird durch das atmungsaktive Holz ziemlich gut abgeleitet. Deshalb darf man den Kasten vor dem Eingraben nicht in Plastikfolie verpacken, weil die Feuchtigkeit, die durch den Stoffwechsel der Tiere entsteht, dann nicht mehr nach außen entweichen kann.

Zur Vorbeugung gegen zu schnelle Verwitterung kann man die Nisthilfe mit einem Holzschutzanstrich versehen. Dafür eignen sich aber nur ungiftige Farben, bei denen die Atmungsfähigkeit des Holzes erhalten bleibt.

Unterirdischer Hummelnistkasten

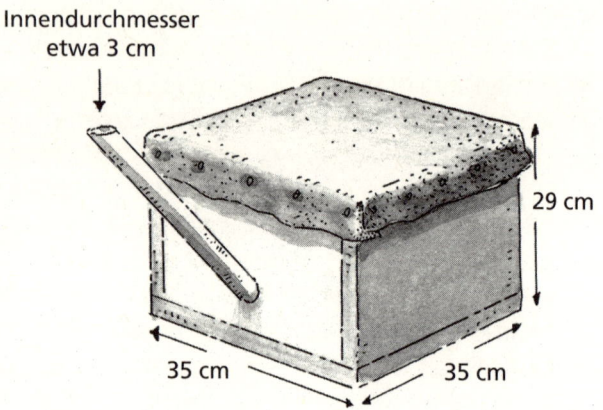

Baumaterial

- 1 Dachplatte: 1 Brett, 35 cm × 35 cm, 2 cm stark
- 1 Bodenplatte: 1 Brett, 35 cm × 35 cm, 2 cm stark
- 4 Seitenwände: 2 Bretter, jeweils 35 cm × 25 cm, 2 cm stark; 2 Bretter, jeweils 31 cm × 25 cm, 2 cm stark
- Dachpappe: etwa 43 cm × 43 cm
- Nägel zum Befestigen der Dachpappe
- Nägel oder Schrauben zum Zusammenbau der Holzteile
- Einschlupfröhre: 50 – 70 cm lang, Innendurchmesser etwa 3 cm; die Einschlupfröhre kann aus aufgerollter Dachpappe hergestellt werden oder aus einem Plastikrohr bestehen. Noch besser eignet sich hierfür eine Röhre aus gebranntem, unglasiertem Ton mit entsprechendem Durchmesser, weil die Feuchtigkeit in diesem Fall besser entweichen kann.
- Füllmaterial: Kleintierstreu oder Holzwolle; Moos, altes Mäusenest

Bauanleitung

- Bohren Sie in eines der vier Seitenbretter das Loch für die Einschlupfröhre. Das Loch sollte so beschaffen sein, dass die Röhre ziemlich genau hineinpasst. Kleinere Lücken können Sie später von außen mit etwas Silikon abdichten. Nageln Sie dann das Bodenbrett und die Seitenwände zusammen.

- Auf der Dachplatte wird jetzt die Dachpappe gelegt, und zwar so, dass sie an allen vier Seiten jeweils 3 bis 4 Zentimeter übersteht. Die Dachpappe wird mit einem Heißluftgerät oder Gasbrenner an den Rändern etwas erwärmt, über die Kanten gebogen und mit Pappnägeln befestigt. An den Ecken wird die Dachpappe nochmals erwärmt, gefaltet und festgenagelt, sodass die Dachplatte mit der übergeschlagenen Pappe schließlich so aussieht und funktioniert wie der Deckel auf einem Schuhkarton. Der Deckel lässt sich auf diese Weise nach dem Ende der Hummelsaison einfach abnehmen, wenn der Nistkasten geleert und gereinigt wird, und der Kasten ist zugleich vor eindringender Feuchtigkeit geschützt.

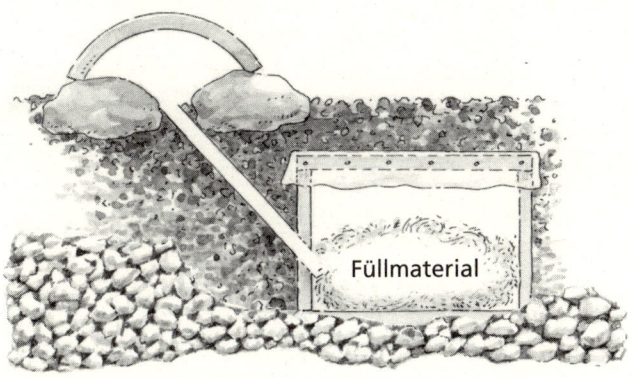

Steine, die in den Boden eingelassen werden, verhindern, dass das Flugloch von Pflanzen überwachsen wird. Ein Dachfirstziegel schützt das Flugloch vor Wind und Regen. Die Kiesschicht unter dem Kasten sorgt dafür, dass überschüssiges Wasser schnell in tiefere Bodenschichten abfließen kann.

Standort und Wartung

Der Kasten wird mit Nistmaterial – Holzwolle, Moos, Material aus alten Mäusenestern – gefüllt. Dann wird der Kasten an einer trockenen und erhöhten Stelle, die man nicht häufig betreten muss, im Garten vergraben. Die Erdschicht über dem Kasten ist 10 bis 15 Zentimeter dick. Rund um das Einflugloch lässt man am besten ein paar Steine in den Boden ein, damit es nicht von Pflanzen überwachsen wird. Zusätzlich sollte man den Einschlupf mit einer Steinplatte oder einem Dachfirstziegel gegen Wind und Regen schützen. Der Kasten sollte spätestens Anfang März bezugsfertig im Garten platziert sein.

Einmal jährlich, im Winter, wird der Kasten gründlich und schadstofffrei gereinigt und mit neuem Nistmaterial gefüllt.

Hummeln und Mäuse

Insbesondere unterirdisch nistende Hummeln schätzen Nistmaterial aus alten Mäusenestern oder mit Mäusegeruch. In ihren natürlichen Lebensräumen zeigt dieser Geruch einen trockenen und sicheren Platz für das künftige Hummelnest an. In Einzelfällen soll diese Liebe sogar so weit gehen, dass eine Hummelkönigin auf Nistplatzsuche in ein noch bewohntes Mäusenest eindringt und die Bewohner verjagt. Kein Wunder also, dass diese Duftnote auch bei künstlichen Nisthilfen ihre Wirkung entfaltet und nistplatzsuchende Hummeln anlockt.

So sehr einige Hummelarten den Mäusegeruch auch schätzen mögen, ist er doch keine Voraussetzung für die Gründung eines Hummelvolkes. Hummeln beziehen sowohl in ihren natürlichen Lebensräumen als auch bei Hummelkästen, die wir ihnen im Garten anbieten, auch Plätze, die gänzlich frei von Mäusegeruch sind. Wichtig ist lediglich, dass der Platz trocken, geschützt und frei von Zugluft ist.

Einfacher oberirdischer Hummelnistkasten

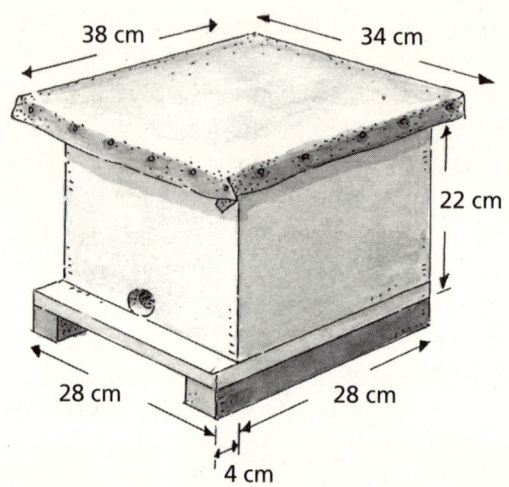

Baumaterial

- 1 Dachplatte: 1 Brett, 38 cm × 34 cm, 2 cm stark
- 1 Bodenplatte: 1 Brett, 32 cm × 28 cm, 2 cm stark
- 4 Seitenwände: 2 Bretter, jeweils 28 cm × 20 cm, 2 cm stark;
  2 Bretter, jeweils 24 cm × 20 cm, 2 cm stark
- 2 Deckel-Randleisten: 2 schmale Leisten, jeweils 24 cm lang
- Dachpappe: etwa 42 cm × 38 cm
- Nägel zum Befestigen der Dachpappe
- Nägel oder Schrauben zum Zusammenbau der Holzteile
- Füllmaterial: Kleintierstreu oder Holzwolle;
  Moos, Polsterwolle, altes Mäusenest
- Gaze zum Verschließen der Luftlöcher als Schutz vor Parasiten

Bauanleitung

- Für die jährliche Reinigung muss das überstehende Dach abnehmbar sein, es sollte sich aber nicht seitlich verschieben.

Nageln Sie deshalb auf der geplanten Innenseite der Dachplatte gegenüberliegend zwei kleine Begrenzungsleisten an. Der Kastendeckel wird mit Dachpappe belegt, die an den Kanten umgeschlagen und festgenagelt wird.

- Bohren Sie in die Vorderwand ein Einflugloch von höchstens 2 Zentimeter Durchmesser – manche Hummelarten bevorzugen auch kleinere Einschlupflöcher mit Durchmessern von 1,5 Zentimetern.

- Bohren Sie als Notausgang im oberen Bereich der Vorderwand ein weiteres Loch mit einem Durchmesser von 1,5 bis 2 Zentimetern, das später verschlossen wird (siehe Seiten 81 und 90).

- Bohren Sie schließlich in den oberen Bereichen der Seitenbretter einige Luftlöcher mit Durchmessern von jeweils etwa 2 Zentimetern und verschließen Sie diese mit Gaze, damit keine Parasiten eindringen können.

- Nageln oder schrauben Sie das Bodenbrett und die Seitenwände anschließend zusammen. Achten Sie bitte darauf, dass beim Zusammensetzen der Holzteile keine Ritzen entstehen, durch die Regen, Wind oder Parasiten eindringen können und die Hummelbrut gefährden. Alle auftretenden Fugen sollte man deshalb mit wasserfestem Leim oder Holzkitt sorgfältig abdichten.

Standort und Wartung

Zunächst wird etwas Kleintierstreu oder Holzwolle auf dem Kastenboden ausgebreitet. Darauf kommt das Nistmaterial: Moos, Polsterwolle oder ein altes Mäusenest. Haben Sie Nistmaterial mit Mäusegeruch zur Verfügung, sollten Sie etwas davon auch vor dem Einflugloch ausstreuen, um eine Hummelkönigin zur Nestgründung anzulocken.

Diese einfache Nisthilfe lässt sich gut an einer wettersicheren Stelle auf der Terrasse oder dem Balkon aufstellen. Das Einflugloch zeigt nach Osten. Der Kasten wird im Winter gründlich und schadstofffrei gereinigt und mit neuem Nistmaterial gefüllt. Ende Februar sollten diese Arbeiten beendet sein.

Oberirdischer Hummelnistkasten mit Vorbau

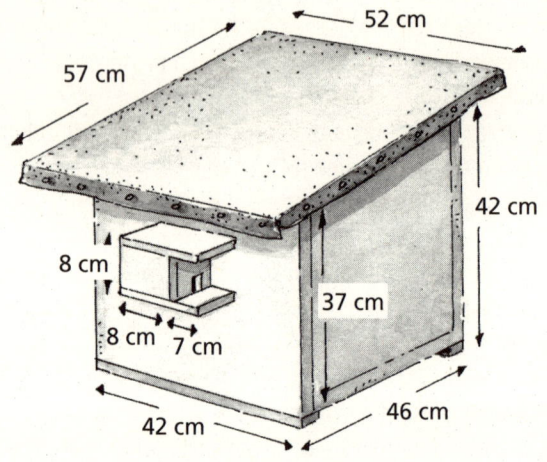

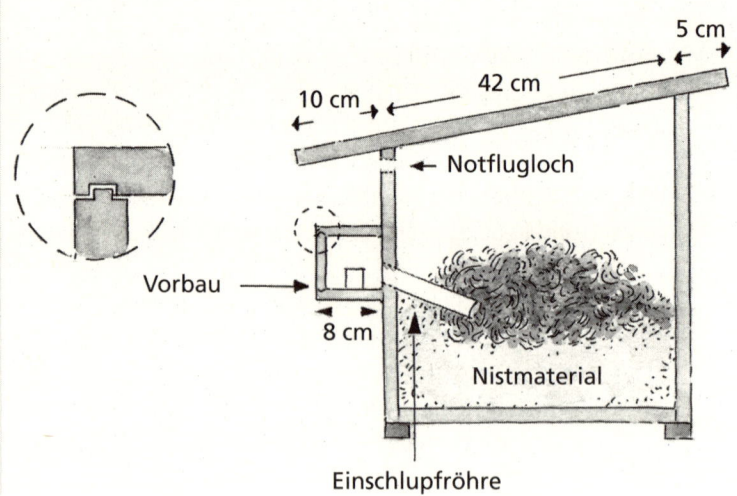

Baumaterial für den Hauptbau

- 1 Dachplatte: 1 Brett, 52 cm × 57 cm, 2 cm stark
- 1 Bodenplatte: 1 Brett, 42 cm × 42 cm, 2 cm stark
- 1 Rückwand: 1 Brett, 42 cm × 42 cm, 2 cm stark
- 1 Vorderwand: 1 Brett, 42 cm × 37 cm, 2 cm stark;
  die Oberkanten der Rückwand und der Vorderwand werden
  mit einer Raspel entsprechend der Dachneigung angeschrägt.
- 2 Seitenwände: 2 Bretter, jeweils 40 cm × 42 cm, 2 cm stark,
  jeweils eine der 40-cm-Längen bei beiden Brettern auf 35 cm
  abgeschrägt, siehe Bauplan
- 2 Deckel-Randleisten: 2 schmale Leisten,
  jeweils etwa 42 cm lang

Baumaterial für den Vorbau

- 1 Dachplatte: 1 Brett, 8 cm × 15 cm, 1 cm stark
- 1 Bodenplatte: 1 Brett, 8 cm × 15 cm, 1 cm stark
- 1 Vorderwand: 1 Brett, 8 cm × 6 cm, 1 cm stark
- 2 Seitenwände: 2 Bretter, jeweils 6 cm × 7 cm, 1 cm stark;
  sägen Sie unten, mittig an einer der beiden Vorbau-Seitenwände eine Einlassöffnung von 2 cm × 2 cm Größe heraus.

Außerdem

- Dachpappe: 57 cm × 62 cm
- Nägel zum Befestigen der Dachpappe
- Nägel oder Schrauben zum Zusammenbau der Holzteile
- Einschlupfröhre: Papprohr, 10 – 15 cm lang,
  Innendurchmesser 2 – 2,5 cm
- gegebenenfalls: 1 Scharnier, 1 Verschlusshaken mit Öse
- Füllmaterial: Kleintierstreu oder Holzwolle;
  Moos, Polsterwolle, altes Mäusenest
- Gaze zum Verschließen der Luftlöcher als Schutz vor Parasiten

Bauanleitung

- Bohren Sie in die Vorderwand das Einflugloch mit einem Durchmesser von maximal 2 Zentimetern und als Notausgang im oberen Bereich der Vorderwand ein weiteres Loch mit gleichem Durchmesser als Notflugloch, das später verschlossen wird (siehe Seiten 81 und 90).

- Bohren Sie in die oberen Bereiche der Seitenbretter jeweils einige Luftlöcher mit Durchmessern von jeweils etwa 2 Zentimetern und verschließen Sie diese anschließend mit Gaze, damit keine Parasiten eindringen.

- Setzen Sie dann den Vorbau zusammen (siehe Bauplan) und befestigen Sie ihn anschließend vor dem Einflugloch der Kastenvorderwand. Damit man den Vorbau und den Laufgang, der ins Kasteninnere führt, reinigen kann, muss man die Vorbau-Vorderwand öffnen können. Wenn Sie über entsprechendes Präzisionswerkzeug verfügen, können Sie die Vorbau-Vorderwand als kleine Schiebetür nach dem im Bauplan dargestellten Prinzip konstruieren. Einfacher ist es, die Vorderwand als Klappe zu gestalten: Nageln Sie hierfür außen und oben an der Vorbau-Vorderwand und an der Vorbau-Dachplatte das Scharnier an. Befestigen Sie außen und unten an der Vorbau-Vorderwand und an der Vorbau-Bodenplatte den Verschlusshaken und die Öse.

- Nageln oder schrauben Sie dann das Bodenbrett, die Seitenwände, die Rückwand und die Vorderwand des Hauptbaus zusammen.

Der Vorbau am Einflugloch soll verhindern, dass
Bruträuber und Parasiten in den Kasten eindringen.

- Als Laufgang verwendet man ein Papprohr. Dieses Papprohr wird im Inneren des Hauptbaus vor dem Einflugloch mit etwas Klebeband fixiert.
- Das überstehende Dach des Hauptbaus wird mit Dachpappe belegt. Es muss abnehmbar sein, darf jedoch nicht verrutschen. Nageln Sie deshalb zwei schmale Holzleisten an die Innenseite des Deckels.

Standort und Wartung

Der Nistkasten mit Vorbau lässt sich gut an einer trockenen, geschützten Stelle auf der Terrasse oder dem Balkon aufstellen. Das Einflugloch zeigt nach Osten.

Der Kasten wird im Winter gründlich und schadstofffrei gereinigt und mit neuem Nistmaterial gefüllt. Ende Februar sollten diese Arbeiten beendet sein.

Wozu dienen Vorbau und Notflugloch?

Der Vorbau am Hummelnistkasten soll vor allem verhindern, dass Mäuse, Käfer, Wachsmotten oder Kuckuckshummeln eindringen können (siehe auch Seiten 42, 46 und 90).

Das Notflugloch dient als Ausweg, wenn der eigentliche Zugang verschlossen ist. Die Königinnen einiger Hummelarten wühlen während der Nestgründung zuweilen so sehr im Nistmaterial (Polsterwolle oder Moos), dass sie sich den Zugang zum Flugloch oder das Flugloch selbst verstopfen, nicht mehr herausfinden und umkommen, wenn der Kasten kein Notflugloch hat. Das Zuwühlen des Flugloches kann nur in den ersten Tagen vorkommen. Spätestens fünf Tage nach der Nestgründung sollte das Notflugloch mit Gaze verschlossen werden, damit unerwünschte Arten wie Wachsmotten, fremde Hummelarten oder Kuckuckshummeln nicht in den Kasten gelangen können.

Pappkarton-Innenkasten

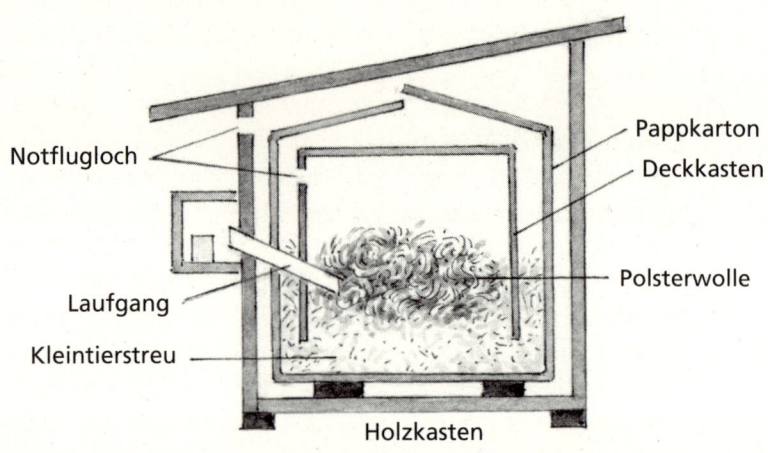

Notflugloch

Pappkarton

Deckkasten

Polsterwolle

Laufgang

Kleintierstreu

Holzkasten

Ein Pappkarton-Innenkasten erleichtert die jährliche Reinigung, denn man kann ihn nach Ende der Hummelsaison zusammen mit dem alten Nistmaterial entsorgen, ohne dass der äußere Holzkasten verschmutzt. Gleichzeitig beeinflusst der Innenkasten die Temperaturverhältnisse positiv. Er sorgt für eine gleichbleibende Temperatur ohne große Schwankungen im Hummelnest.

Zum Bau eines solchen Innenkastens benötigen Sie einen stabilen Pappkarton mit Verschlussklappen, der insgesamt etwas kleiner als der Holzkasten ist. In diesem Pappkarton wird ein zweiter, kleinerer Deckkarton ohne Deckel untergebracht, der mit der offenen Seite nach unten in den größeren Karton gestellt wird. Der Deckkarton schützt das Nest vor allem zu Beginn der Volksentwicklung vor zu starker Auskühlung.

Bauanleitung

- Bohren Sie zunächst einige Luftlöcher in die Seitenwände beider Kartons und verschließen Sie diese mit Gaze. Bohren Sie dann in den großen Karton eine Öffnung für den Laufgang – dieser besteht aus einer Papptröhre mit einem Innendurchmesser von 1,5 bis 2 Zentimetern und einer Länge von 10 bis 15 Zentimetern. Stellen Sie den größeren Pappkarton nun in der Mitte des Holzkastens auf kleinere Holzklötze und füllen Sie ihn etwa zur Hälfte mit Kleintierstreu. Bohren Sie etwa in der Mitte einer der Deckkartonseiten eine Öffnung für die Papptröhre und als Notausgang ein kleineres Loch im oberen Bereich des umgedrehten Kastens. Bilden Sie dann im Kleintierstreu eine kleine Mulde und breiten Sie darin etwas Polsterwolle aus. Graben Sie den Deckkarton mit der offenen Seite nach unten im Streu ein und befestigen Sie die Laufröhre zwischen den beiden Kartons und dem Einflugloch des Holzkastens. Abschließend werden die Verschlussklappen des größeren Pappkartons übereinandergelegt und mit Klebeband verschlossen. Für den Fall, dass sich eine Hummelkönigin in den Hohlraum zwischen den beiden Pappkartons verirrt, bohren Sie noch ein weiteres Notflugloch in die Oberseite des großen Kartons, das später verschlossen wird. Nun ist die Nisthilfe bezugsbereit.
- Wenn sich im Laufe der Brutsaison herausstellt, dass ein Hummelvolk, das sich im Kasten eingenistet hat, mehr Platz für seine Entwicklung braucht, sollte man den kleineren Deckkarton vorsichtig entfernen, ansonsten kann er während der gesamten Hummelsaison im Kasten bleiben.

Hummelstand mit Flachdach

Der im Folgenden beschriebene Hummelstand bietet Raum für vier Hummelnistkästen (Bauplan siehe Seite 96), die Jungköniginnen im Frühjahr bei der Nistplatzsuche und zur Gründung eines Hummelvolks zur Verfügung stehen.

Damit die Ansiedlung gelingt, sollte man den Ort, an dem der Hummelstand aufgestellt wird, sehr sorgfältig wählen, zum Beispiel unter einem größeren Baum im Garten, vor einer Hecke oder vor einer Mauer auf der Terrasse. Die Hummeln dürfen sich durch uns nicht gestört fühlen und wir müssen uns selbst sicher sein, dass sie uns auch dann nicht lästig werden, wenn sich ihr Volk entwickelt und sie in immer größer werdenden Scharen angeflogen kommen. Die Kästen sollten nicht den ganzen Tag über der Sonne ausgesetzt sein, vor allem nicht in den heißen Mittagsstunden, und mit den Fluglöchern nach Osten zeigen. Der Hummelstand darf nicht direkt auf dem Boden stehen und braucht einen stabilen Unterbau zum Beispiel aus gleichmäßig geformten Ziegelsteinen.

Sobald die Kästen besiedelt sind, sollte man ihren Standort nicht mehr verändern, weil sich die Hummeln den Weg zu ihrer einmal gewählten Niststätte dann eingeprägt haben und diese an einem neuen Platz nicht mehr wiederfinden würden. Das Umsetzen eines Hummelstandes, dessen Kästen einmal von den Insekten angenommen wurden, ist auch nach Beendigung der Flugsaison nicht ratsam: Jungköniginnen, die in den Kästen herangewachsen sind und nun irgendwo in der näheren Umgebung überwintern, kehren im Frühjahr sehr oft zum Mutternest zurück, um dort eine eigene Kolonie zu gründen. Finden sie es nicht am alten Platz, suchen sie nach einer anderen Nistmöglichkeit und unsere Kästen bleiben dann womöglich leer.

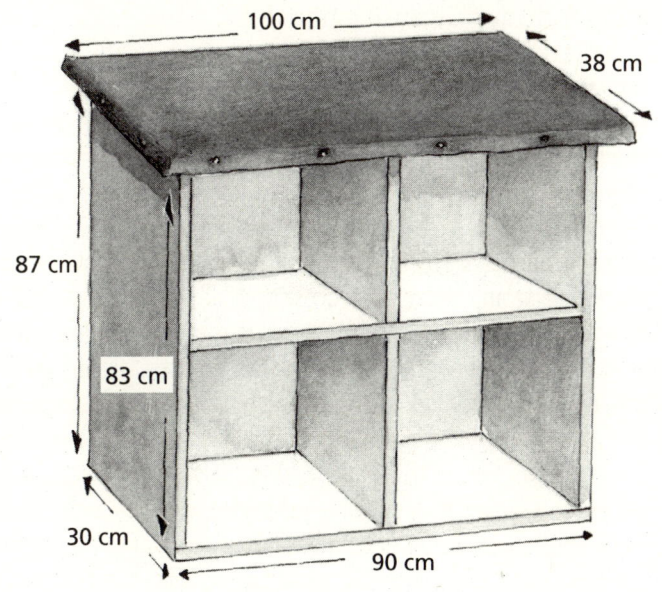

Baumaterial für das Gehäuse

- 1 Dachplatte: 1 Brett, 100 cm × 38 cm, 2 cm stark
- 1 Bodenplatte: 1 Brett, 90 cm × 30 cm, 2 cm stark
- 2 Seitenwände: 2 Bretter, jeweils 85 cm × 30 cm, 2 cm stark, jeweils eine der 90-cm-Längen bei beiden Brettern auf 81 cm abgeschrägt, siehe Bauplan
- Rückwand, bestehend aus drei Brettern:
  2 Bretter, jeweils 90 cm × 30 cm, 2 cm stark
  1 Brett, 90 cm × 27 cm, 2 cm stark
- Gefach: 1 Brett, 86 cm × 30 cm, 2 cm stark
- 2 Unterteilungsstege für die Gefache: 1 Brett, 39 cm × 30 cm, 2 cm stark
- 1 Brett, 44 cm × 30 cm, 2 cm stark, eine der 44-cm-Längen auf 40 cm abgeschrägt, siehe Bauplan
- Dachpappe: etwa 108 cm × 46 cm
- Nägel zum Befestigen der Dachpappe
- Nägel oder Schrauben zum Zusammenbau der Holzteile

Bauanleitung für das Gehäuse

Fügen Sie zunächst die Seitenbretter und das Bodenbrett zusammen und nageln Sie dann die drei Bretter an, aus denen die Rückwand besteht. Der Kasten hat jetzt eine gewisse Stabilität, sodass Sie die restlichen Arbeiten in Ruhe angehen können: also das Einsetzen und Festnageln des Gefachbrettes und der Unterteilungsstege, nachdem Sie deren Positionen mit einem Maßband oder Zollstock genau ermittelt und mit einem Bleistift angezeichnet haben. Nageln Sie dann die Dachplatte an, und zwar so, dass sie an den Seiten gleichmäßig, hinten etwa 1 Zentimeter und an der Vorderseite etwa 7 Zentimeter übersteht. Die Dachpappe können Sie zum Schluss auflegen, an den Kanten umschlagen und mit Pappnägeln befestigen.

Lebendiges Gründach

Ein begrüntes Flachdach auf einem Hummelstand, in dem mehrere Nistkästen untergebracht sind, sieht sehr dekorativ aus und zugleich haben die Hummeln dadurch eine Nahrungsquelle direkt über ihrer Haustür. Die Tragfähigkeit des einfachen Holzdaches ist allerdings begrenzt, sodass in diesem Fall ein allzu schwergewichtiger Gründachaufbau ungeeignet ist.

Baumaterial für das Gründach

- Dachpappe für die Grundabdichtung: etwa 108 cm × 46 cm
- 4 Rahmenbretter: 2 Bretter, 100 cm × 8 cm, etwa 1 cm stark; 2 Bretter, 36 cm × 8 cm, etwa 1 cm stark
- frostresistente Folie: zum Beispiel eine Teichfolie von 0,5 mm Stärke, etwa 120 cm × 60 cm
- ein Stück Gartenschlauch oder ein Plastikrohr zur Ableitung von überschüssigem Regenwasser: etwa 20 cm lang, Durchmesser etwa 2 cm
- Nägel zum Befestigen der Dachpappe
- Nägel oder Schrauben zum Befestigen des Rahmens
- Silikonkleber

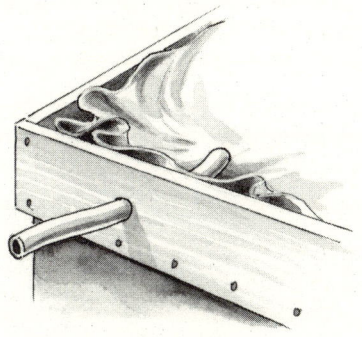

Der eingebaute Ablauf am Gründach verhindert, dass
überschüssiges Wasser über die Dachkante läuft.

Bauanleitung für das Gründach

Belegen Sie das Dach als Grundabdichtung zunächst mit Dachpappe
und nageln Sie diese fest, nachdem Sie sie um die Dachkanten ge-
schlagen haben. Für den Rahmen, der das Pflanzsubstrat mit den
Pflanzen eingrenzt, sägen Sie die vier Bretter entsprechend den
Außenmaßen des Daches zurecht. Das Dach braucht einen Ablauf,
damit überschüssiges Wasser nicht über die vordere Dachkante läuft.
Bohren Sie deshalb in eines der beiden Rahmen-Seitenbretter ein
Loch und nageln Sie die Bretter an den Außenkanten des Daches
fest, siehe Abbildung. Jetzt können Sie die Folie einlegen, an den
Rändern nach oben biegen und rundherum an den Brettkanten
abschneiden. In der Ecke, wo sich das Loch für den Ablauf befindet,
müssen Sie mit einem Teppichmesser oder einer spitzen Nagelschere
ein entsprechend großes Loch in die Folie schneiden, durch welches
dann der Gartenschlauch oder das Plastikrohr nach außen geleitet
wird. Dieses Ableitungsrohr wird schließlich mit Silikonkleber fixiert
und im Randbereich entsprechend abgedichtet.

Pflanzsubstrat für das Gründach

Das Pflanzsubstrat wird 5 bis 6 Zentimeter dick aufgeschichtet und kann aus einer Mischung aus Normalerde, Sand, Kies, Lava, Blähton, aber auch Ziegelsplitt oder Schlacke bestehen. Solche Mischungen können Wasser einerseits lange speichern, überschüssiges Regenwasser andererseits aber auch schnell ableiten.

Pflanzen für das Gründach

Pflanzen, die auf solch einer flachen Substratschicht wachsen, müssen sich gegen Winterkälte, Hitze und Trockenheit behaupten. Es gibt eine ganze Reihe von botanischen Überlebenskünstlern, die mit solchen Extremstandorten zurechtkommen, zum Beispiel Wilder Majoran, Felsengelbstern oder Kaukasus-Fetthenne. Gleichzeitig ist eine Gründachbepflanzung bei einer geringen Schichtdicke von 5 bis 6 Zentimetern immer auch ein Experiment. Man kann nicht genau voraussehen, wie sich die eingesetzten Pflanzenarten entwickeln. Einige werden verschwinden, andere werden sich verbreiten. In der Tabelle auf Seite 128 finden Sie weitere Gründachspezialisten. Von dieser Auswahl eignen sich die kleinwüchsigen oder kriechenden Arten für das kleine Flachdach am besten, weil sie wenig Nährstoffe und Feuchtigkeit benötigen und auch bei stürmischem Wetter nicht umkippen und entwurzelt werden.

Wohnung zu vermieten

Im Gegensatz zu solitär lebenden Wildbienen kann es bei Hummeln mitunter lange dauern, bevor sie eine bereitgestellte Nisthilfe akzeptieren. Man braucht viel Geduld, aber wenn die Tiere dann wirklich in den Kasten einziehen, ist es ein tolles Erlebnis.

In vielen Publikationen wird beschrieben, wie man die Besiedlung eines Hummelkastens »aktiv« beschleunigen kann. Hierbei wird eine nestsuchende Hummelkönigin mit einer Papprolle oder einem Glas eingefangen und im bereitstehenden Nistkasten eingesetzt. Ein unerfahrener Hummelfreund kann dabei, trotz gut gemeinter Absicht, aber auch vieles falsch machen und sollte sich ehrlich fragen, ob diese »Einfangmethode« wirklich notwendig ist. Das Bereitstellen von Nisthilfen für Hummeln ist wichtig. Eine Hummelart stirbt aber nicht gleich aus, wenn ein Nistkasten im Garten nicht sofort angenommen wird. Beim unsachgemäßen Fangen und Einsetzen einer Hummelkönigin kann es dagegen passieren, dass man diese unbeabsichtigt verletzt oder so verstört, dass sie keine Kolonie mehr gründet und es im folgenden Sommer ein ganzes Hummelvolk weniger gibt.

Im März oder April werden mitunter auch robuste Hummelköniginnen durch die Launen des Frühjahrswetters vorübergehend außer Gefecht gesetzt. Erstarrt vor Kälte sitzen sie auf Blüten oder am Boden und man kann gewisse Rückschlüsse daraus ziehen: Die Hummel auf der Blüte wird wahrscheinlich schon ein Nest begründet haben, will Pollen als Larvennahrung sammeln, und man lässt sie am besten in Ruhe. Eine kälteklamme Hummel am Boden, an deren Körperhaaren kein Blütenstaub haftet, befindet sich vermutlich noch auf Nistplatzsuche. In diesem Fall kann man versuchen, das mehr oder weniger hilflose Tierchen vorsichtig auf ein Stück Pappe zu schieben und es dann vor dem Flugloch am Nistkasten auszusetzen. Zusätzlich kann man ihm etwas Zuckerwasser in einem Kronenkorken anbieten und hoffen, dass es sich vielleicht dafür entscheidet, unseren Hummelkasten anzunehmen.

Um Hummelköniginnen auf Nistplatzsuche einen Nistkasten schmackhaft zu machen, sollte man vor dem Anflugbrett immer etwas Moos oder Kleintierstreu ausbreiten. Bei einem Nistkasten mit Vorbau öffnet man tagsüber die Klappe des Vorbaus und streut ebenfalls etwas Nistmaterial sowohl im Vorbau als auch auf dem Anflugbrett am Vorbaueingang aus. Durch die geöffnete Vorbauklappe finden Hummelköniginnen das eigentliche Eingangsloch zum Kasten leichter als bei geschlossener Klappe.

Auch bei geöffneter Vorbauklappe wird eine Hummelkönigin nicht immer sofort der Einladung folgen und den Kasten besiedeln. Am Abend jedes Tages, an dem man vergeblich auf das Erscheinen einer Königin gewartet hat, wird die Klappe verschlossen und am nächsten Morgen erneut geöffnet. So wird verhindert, dass Wachsmotten und andere Hummelschädlinge des Nachts in den Kasten eindringen (siehe auch Seiten 46 und 80).

Sobald man das Gefühl hat, dass eine Hummelkönigin den Kasten annehmen wird – sie kommt aus dem Flugloch des Kastens gekrabbelt, macht einen kreisförmigen Orientierungsflug, um sich den Standort des Kastens und das Flugloch einzuprägen, entschwindet dann wahrscheinlich aus unserem Blickfeld und kehrt nach einiger Zeit wieder zurück –, folgt ein weiterer Schritt: Die Hummelkönigin muss jetzt noch lernen, statt des direkten Wegs den Nebeneingang am Vorbau zu benutzen. Man wartet bis zum Abend und wenn man sicher ist, dass sich die Hummelkönigin im Kasten befindet und nicht mehr ausfliegen wird, schließt man die Vorbauklappe. Am nächsten Morgen muss die Königin den Kasten dann durch das Loch am Vorbau verlassen. Sobald sie ausgeflogen ist, streut man erneut etwas Moos oder Kleintierstreu am Flugloch aus, um ihr das Wiederfinden zu erleichtern. Dafür nutzt man Nistmaterial aus dem Kasten, das jetzt schon den Individualgeruch der jeweiligen Hummelart angenommen hat. Die Vorbauklappe bleibt ab diesem Zeitpunkt dann auch tagsüber geschlossen und die Hummelkönigin wird auf diese Weise lernen, den Nebeneingang zu nutzen. Das Notflugloch bleibt während der gesamten, noch etwas unsicheren Ansiedlungsphase offen. Erst wenn man sicher ist, dass die Königin die Niststätte endgültig angenommen hat, wird das Notflugloch mit etwas Gaze verschlossen (spätestens fünf Tage nach der Nestgründung).

Hummeln und Wildbienen
unter einem Dach

Hummeln und solitäre Wildbienen besuchen oft die gleichen Blüten, haben aber völlig verschiedene Lebensweisen. Sobald die erste Generation Arbeiterinnen in der Hummelkolonie geschlüpft ist, beschränkt sich die Königin aufs Eierlegen. Auf den Blüten finden wir jetzt nur noch Hummelarbeiterinnen. Sie sammeln Nektar und Pollen, pflegen im Nest die Larven, legen neue Brutzellen an und sorgen dafür, dass sich das Hummelvolk ständig vergrößert. Bei den Solitärbienen, die  wir neben Hummeln oder Honigbienen den Sommer über auf Blüten antreffen, handelt es sich in der Regel immer um Weibchen. Wildbienenweibchen müssen sich und ihren Nachwuchs allein durchs Leben bringen. Als Solisten bauen sie Brutzellen, füllen diese mit einem Nektar-Pollen-Gemisch und legen ihre Eier darauf ab. Wenn eine Hummelarbeiterin oder ein Wildbienenweibchen mit Pollen beladen von einer Blüte abhebt, fragen wir uns, wohin ihre Reise wohl geht. Sie transportieren die gesammelte Larvennahrung in ihre Nester, die irgendwo in unbestimmter Ferne liegen.

Hummeln und solitären Wildbienen fällt es heute zunehmend schwerer, geeignete Nahrungspflanzen und Niststätten zu finden. Mit dem Bau einer Kombinationsnisthilfe, in der diese hübschen und nützlichen Insekten gemeinsam unter einem Dach leben können, machen wir ihnen ein Wohnungsangebot, das sie nicht ablehnen werden. Dafür entschädigen sie uns immer wieder aufs Neue, denn sie gewähren uns Einblicke in ihre faszinierende Welt, die uns im Allgemeinen sonst verborgen bleibt.

91

Die Möblierung der Insektenhotels

Während die Erdgeschosse der beschriebenen Insektenhotels jeweils die Wohnbereiche der Hummeln sind, sollen die oberen Etagen als Quartiere für Wildbienen hergerichtet werden.

In Mitteleuropa kennt man etwa 500 solitär lebende Wildbienenarten, die neben Honigbienen und Hummeln maßgeblich an der Bestäubung unserer Blütenpflanzen beteiligt sind. Im Gegensatz zu Honigbienen oder Hummeln führen fast alle Wildbienenarten ein Leben als Einsiedler und kennen keine sozialen Bindungen. Jeweils im Alleingang baut ein Wildbienenweibchen seine Brutkammern und trägt Nektar und Pollen ein, die den Bienenlarven später als Nahrung dienen werden. Auf dieser Nahrungsgrundlage legt die Biene ihre Eier ab und überlässt deren weitere Entwicklung dann dem Selbstlauf der Natur.

Wie alle Stechimmen besitzen auch die Weibchen der Wildbienen Giftstachel im Hinterleib, wobei man sich vor diesen nicht zu fürchten braucht. Zum einen ist dieser Stachel zu schwach, um unsere Haut zu durchstechen. Zum anderen sind Wildbienen überhaupt nicht angriffslustig, sondern hochinteressante, nützliche Insekten, und wenn wir das Hotel entsprechend möblieren, werden wir erleben, wie spannend die Welt der Bewohner auch in den oberen Etagen ist.

Wildbienen brauchen spezielle Lebensräume, in denen sie ihre oberirdischen oder unterirdischen Kinderstuben errichten können. Grundsätzlich wählen sie dafür sonnenbeschienene Orte mit guter Belüftung, an denen die eingetragenen Pollenvorräte und die Eigelege nicht verpilzen.

Die meisten der oberirdisch nistenden Wildbienenarten graben die Nistgänge, in denen sie ihre Brutkammern errichten, nicht selbst, sondern suchen hierfür bereits vorhandene Höhlungen in Pflanzenstängeln, Schilfdächern, Strohdächern, Mauerfugen und Felsspalten oder sie beziehen verlassene Fraßgänge anderer Insekten in morschen Zaunpfählen oder abgestorbenen Bäumen. Die Insekten besiedeln aber auch rasch geeignete Nisthilfen wie Nisthölzer, Niststeine, gebündelte Schilfröhrchen oder eine Mini-Steilwand aus Lehm, die jeder Bienenfreund ohne großen Aufwand selbst basteln kann.

Das Insektenhotel wird zur Kinderstube für Hummeln und
solitäre Bienen und ist zugleich ein attraktiver Blickfang im Garten.

Wie die verschiedenen Wildbienenquartiere im Einzelnen gestaltet
werden und wie man die oberen Etagen der Insektenhotels damit
füllt, bleibt letztlich ganz unserer eigenen Fantasie überlassen. In
jedem Fall sollte man dabei auf Vielfalt achten, weil Wildbienen
meist hoch spezialisiert sind und nur Wohnungen beziehen, die
ihren jeweiligen Ansprüchen entsprechen. Umbauten im Insektenhotel sind auch nach der ersten Fertigstellung noch möglich, man
sollte solche Arbeiten aber nur im Frühjahr durchführen, wenn die
Überwinterungsgäste ihre Quartiere verlassen haben und neue Bewohner noch nicht eingezogen sind.

Nisthölzer

Für Nisthölzer brauchen wir abgetrocknete Baumscheiben oder Holzklötze, eine Bohrmaschine und möglichst mehrere Holzbohrer mit Durchmessern von 2 bis höchstens 10 Millimetern. Geeignete Holzarten sind Eiche, Buche, Esche, Robinie, Birke, Apfelbaum oder Ahorn. Das Holz von Nadelbäumen ist weniger gut geeignet, weil es weich und grobfaserig ist. Die Bohrlöcher ziehen sich in diesem Fall bei feuchter Witterung zusammen und zerquetschen dann die Bienenbrut.

In die Hölzer werden mit der ganzen Bohrerlänge parallele Löcher mit einem Abstand von jeweils etwa 2 Zentimetern gebohrt und anschließend gründlich gesäubert. Da wir Bohrer mit verschiedenen Durchmessern verwenden, können sich die verschiedenen Wildbienenarten – zum Beispiel Maskenbienen, Mauerbienen, Blattschneiderbienen oder Löcherbienen – das jeweils passende Loch als Wohnung aussuchen.

Niststeine

Lochziegel und Gitterziegel eignen sich als Brutstätten für einige im Mauerwerk nistende Wildbienenarten. Je nachdem, wie groß die Löcher in den Mauersteinen sind, kann man die Steine direkt als Wildbienenbehausungen verwenden oder man schiebt in größere Öffnungen Bambusabschnitte von mindestens 10 Zentimeter Länge, die hinten jeweils durch Knoten verschlossen sind. Hierfür eignen sich auch andere hohle oder markhaltige Pflanzenstängel, zum Beispiel Stroh, Schilf oder Holunder, falls Sie diese zur Hand haben. Damit die Röhrchen in den Ziegeln Halt finden und auch von Vögeln nicht herausgezogen werden können, werden sie mit Lehmbrei fixiert, den man vorher in die Öffnungen des Steins schmiert, wobei sich die Öffnungen der Pflanzenstängel leicht nach unten neigen sollten, damit kein Regenwasser einlaufen kann.

Schilfhalme oder Strohhalme

Gebündelte Schilfhalme oder Strohhalme werden von Wildbienen gerne als Nisthilfen angenommen und wirken zudem sehr dekorativ im Insektenhotel. Die trockenen Halme werden entsprechend zurechtgeschnitten, und zwar so, dass jeweils eine nach vorn hin offene Brutröhre von etwa 10 Zentimeter Länge entsteht, die hinten durch einen Knoten verschlossen ist. Da sich hungrige Vögel für die Bienenbrut in den Stängeln interessieren, fixiert man die Halmbündel hinten am besten mit einer dicken Portion Lehmbrei, damit die einzelnen Halme nicht aus dem Bündel herausgezogen werden können.

Verschiedene Pflanzenröhrchen

Neben Schilfabschnitten oder Strohabschnitten eignen sich auch Abschnitte von Sträuchern mit hohlen oder markhaltigen Zweigen, die oft im Garten vorhanden sind, als Wildbienenquartiere. Ideale Brutröhrchen liefern vor allem die etwas dickeren Zweigabschnitte von Forsythie oder dem Pfeifenstrauch (Falscher Jasmin, *Philadelphus coronarius)*, in denen die Hohlräume meist gut ausgebildet sind. Es gibt aber auch Wildbienenarten, zum Beispiel die Gewöhnliche Blattschneiderbiene, die markhaltige Stängel von Sommerflieder, Holunder, Brombeere, Himbeere oder Heckenrose als Brutstätten nutzen und dabei das Pflanzenmark selbst ausräumen. Hohle und markhaltige Pflanzenstängel werden wie die Abschnitte von Schilf oder Stroh zurechtgeschnitten und gegebenenfalls gebündelt.

Mini-Steilwand aus Lehm

Für den Bau einer Mini-Steilwand aus Lehm eignet sich zum Beispiel ein Tonblumentopf, den wir mit einem Gemisch aus angefeuchtetem Lehm und Strohhäcksel oder Holzwolle füllen und die Lehmmasse einige Tage im Schatten trocknen lassen. In den halbtrockenen oder ganz getrockneten Ton werden dann einige Löcher mit Durchmessern von 3 bis 10 Millimetern gebohrt beziehungsweise mit einem Nagel oder Bleistift gedrückt. So entsteht eine Steilwand im Kleinstformat, für die sich zum Beispiel Maskenbienen oder Seidenbienen interessieren.

95

Hummelnistkasten für Insektenhotel und Hummelstand

Dieser Hummelkasten passt sowohl in die Insektenhotels Modell I, II und III (siehe Seiten 98, 102 und 105) sowie in den Hummelstand mit Flachdach (siehe Seite 84).

Baumaterial für den Hauptbau
- 1 Dachplatte: 1 Brett, 38 cm × 30 cm, 2 cm stark
- 1 Bodenplatte: 1 Brett, 26 cm × 26 cm, 2 cm stark
- 2 Seitenwände: 2 Bretter, jeweils 26 cm × 32 cm, 2 cm stark, jeweils eine der 32-cm-Längen bei beiden Brettern auf 30 cm abgeschrägt, siehe Bauplan
- 1 Rückwand: 1 Brett, 32 cm × 20 cm, 2 cm stark
- 1 Vorderwand: 1 Brett, 30 cm × 30 cm, 2 cm stark
- 2 Begrenzungsleisten für die Unterseite der Dachplatte: 2 Leisten, jeweils etwa 10 cm lang, etwa 2 cm breit und hoch

Baumaterial für den Vorbau
- 1 Dachplatte: 1 Brett, 8 cm × 15 cm, 1 cm stark
- 1 Bodenplatte: 1 Brett, 8 cm × 15 cm, 1 cm stark
- 1 Vorderwand: 1 Brett, 8 cm × 6 cm, 1 cm stark
- 2 Seitenwände: 2 Bretter, jeweils 6 cm × 7 cm, 1 cm stark; Sägen Sie an einer der beiden Vorbau-Seitenwände unten, mittig eine Einlassöffnung von 2 cm × 2 cm Größe heraus.

Außerdem
- Dachpappe: etwa 40 cm × 36 cm
- Nägel zum Befestigen der Dachpappe
- Nägel oder Schrauben zum Zusammenbau der Holzteile
- Papprohr: etwa 15 cm lang, Innendurchmesser 2 – 2,5 cm
- gegebenenfalls: 1 Scharnier sowie 1 Verschlusshaken mit Öse für die Vorbau-Vorderwand
- Füllmaterial: Kleintierstreu oder Holzwolle; Moos, Polsterwolle, altes Mäusenest

Bauanleitung

- Richten Sie sich beim Zusammenbau nach der Bauanleitung für den oberirdischen Hummelnistkasten mit Vorbau auf Seite 78.
- Befestigen Sie zunächst den zusammengebauten Vorbau vor der Einlassöffnung des Kastens und nageln oder schrauben Sie dann die Seitenwände sowie die Vorderwand und Rückwand und das Bodenbrett zusammen. Befestigen Sie die Dachpappe auf der Dachplatte und nageln Sie die zwei Begrenzungsleisten so an der Unterseite der Dachplatte an, dass diese bündig mit der Rückwand abschließt und auf dem Kasten nicht verrutschen kann. Das auf diese Weise nach vorn überstehende Dach schützt den Kasten vor Regen und die Hummeln im Inneren vor allzu starker Sonneneinstrahlung.

Insektenhotel Modell I

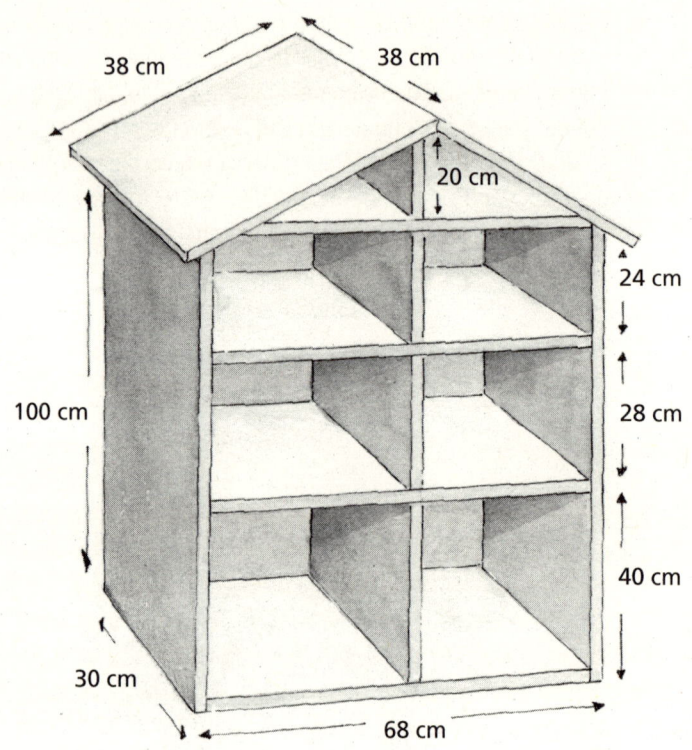

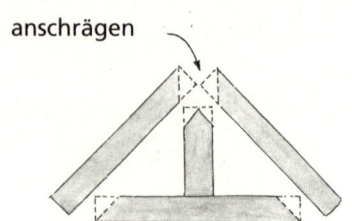

anschrägen

Baumaterial

- 2 Dachplatten: 2 Bretter, jeweils 38 cm × 38 cm, 2 cm stark
- 1 Bodenplatte: 1 Brett, 64 cm × 30 cm, 2 cm stark
- 3 Gefache: 3 Bretter, jeweils 64 cm × 30 cm, 2 cm stark
- 3 Mittelstege für die Gefache:
  1 Brett, 40 cm × 30 cm, 2 cm stark
  1 Brett, 28 cm × 30 cm, 2 cm stark
  1 Brett, 24 cm × 30 cm, 2 cm stark
- 1 Firstbrett: 1 Brett, 20 cm × 30 cm, 2 cm stark
- 2 Seitenwände: 2 Bretter, jeweils 100 cm × 30 cm, 2 cm stark
- Rückwand: 2 Bretter, jeweils 120 cm × 34 cm, 2 cm stark, jeweils eine der 120-cm-Längen bei beiden Brettern auf 100 cm abgeschrägt, siehe Bauplan
- Dachpappe: etwa 82 cm × 44 cm
- Nägel zum Befestigen der Dachpappe
- Nägel oder Schrauben zum Zusammenbau der Holzteile

Bauanleitung

- Nageln Sie zunächst die Seitenbretter und das Bodenbrett zusammen: Am besten bitten Sie ein Familienmitglied oder einen Freund um Mithilfe, der Ihnen die Bretter hält. Nageln Sie dann das obere Querbrett an und danach die beiden abgeschrägten Bretter, aus denen die Rückwand besteht.
- Nun ist der Kasten stabilisiert und Sie können die restlichen Arbeiten in Ruhe erledigen. Die Positionen für die Gefachbretter, die Mittelstege und das Firstbrett müssen Sie jetzt genau mit einem Maßband oder Zollstock ermitteln. Markieren Sie diese Maße mit einem Bleistift auf dem Holz und nageln Sie dann die Gefachbretter und die Mittelstege zusammen. Beim Zusammenbau von unten her ergibt es sich, dass Sie den mittleren und oberen Mittelsteg zwar durch die Rückwand und das jeweils darüberliegende Gefachbrett, nicht aber durch das jeweils untere Gefachbrett korrekt festnageln können. Wenn Sie die beiden Mittelstege auch unten stabilisieren wollen, müssen Sie diese anleimen oder zwei kleinere Nägel quer einschlagen. Das

Gleiche gilt auch für das darüberliegende Firstbrett. Bevor Sie nun das Dach aufbauen, müssen Sie die oberen Kastenränder (rechts und links), die Oberkante des Firstbretts und auch die Kanten der beiden Dachbretter entsprechend der Dachneigung noch etwas anschrägen, siehe Bauplan.

- Die Dachpappe wird mit einem gleichmäßigen Überstand nach allen Seiten auf dem Dach ausgelegt und zunächst mit einigen Nägeln befestigt, damit sie nicht mehr verrutschen kann. Wenn man einen Gasbrenner oder ein Heißluftgerät zur Hand hat, sollte man die Dachpappe an den Rändern etwas erwärmen. So kann man sie besser über die Kanten biegen, wo sie rundherum mit Pappnägeln befestigt wird.

- Für den Bau der zwei Hummelnistkästen, die im Erdgeschoss des Insektenhotels Platz finden, richten Sie sich bitte nach der Bauanleitung auf Seite 96.

Standort und Wartung

Einzelne Hummelkästen richtet man in der Regel mit dem Einflugloch nach Osten aus, Nisthilfen für solitäre, wärmeliebende Wildbienen sollten dagegen mit den Stirnseiten mehr in die südliche Himmelsrichtung zeigen. Beide Insektenarten nehmen es mit der Ausrichtung ihrer Quartiere aber nicht allzu genau und tolerieren geringe Abweichungen vom Optimum. Man wird deshalb sowohl den Hummeln als auch den Wildbienen am besten gerecht, wenn man die Kombinationsnisthilfe mit der Stirnseite möglichst nach Südosten aufstellt.

Das Insektenhotel sollte spätestens Anfang März bezugsfertig sein. Einmal jährlich, im Winter, werden die Hummelkästen in der unteren Etage gründlich und schadstofffrei gereinigt und mit neuem Nistmaterial gefüllt. Die Nisthilfen für Wildbienen müssen nicht gesäubert werden, da die Insekten die Reste alter Nester selbst ausräumen und diese besiedeln. Stark verwitterte, nicht belegte Nisthilfen können Sie gegebenenfalls auswechseln.

Insektenhotel Modell II für Terrasse und Balkon

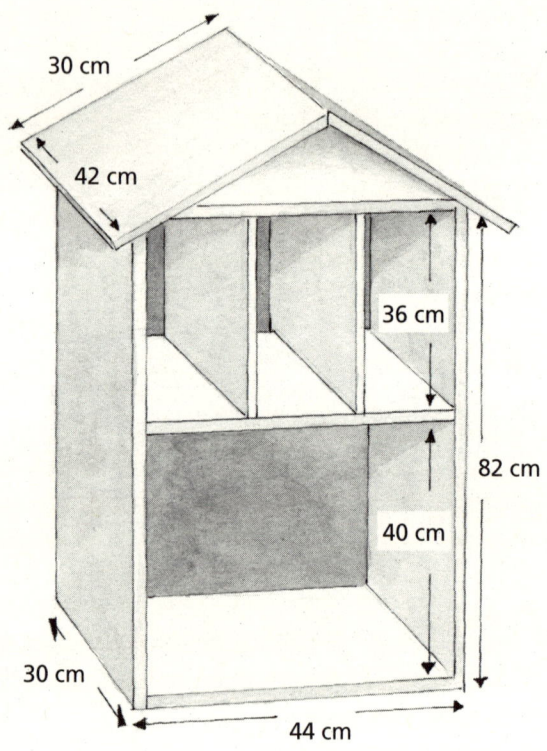

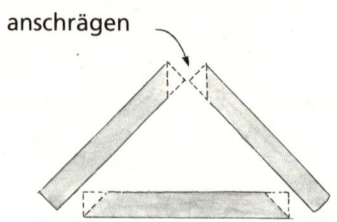

anschrägen

Baumaterial

- 2 Dachplatten: 2 Bretter, jeweils 42 cm × 30 cm, 2 cm stark
- 1 Bodenplatte: 1 Brett, 40 cm × 30 cm, 2 cm stark
- 2 Gefache: 2 Bretter, 40 cm × 30 cm, 2 cm stark
- 2 Unterteilungsstege für das obere Gefach:
  2 Bretter, jeweils 36 cm × 30 cm, 2 cm stark
- 2 Seitenwände: 2 Bretter, jeweils 82 cm × 30 cm, 2 cm stark
- Rückwand: 2 Bretter, jeweils 102 cm × 22 cm, 2 cm stark,
  jeweils eine der 102-cm-Längen bei beiden Brettern auf 82 cm
  abgeschrägt, siehe Bauplan
- Dachpappe: etwa 68 cm × 48 cm
- Nägel zum Befestigen der Dachpappe
- Nägel oder Schrauben zum Zusammenbau der Holzteile

Bauanleitung

- Nagaln Sie zunächst die Seitenwände an die beiden Bretter,
  welche die Rückwand bilden.
- Dann nageln Sie das Bodenbrett und anschließend das mittlere
  und das obere Querbrett für die waagerechten Gefache sowohl
  an die Seitenwände als auch an die zusammengefügten Bretter
  der Rückwand.
- Setzen Sie die beiden senkrechten Unterteilungsstege in das
  obere Gefach ein und nageln Sie diese von hinten durch die
  Rückwand und von oben und unten durch die waagerechten
  Gefachbretter fest.
- Beim abschließenden Anpassen und Festnageln der Dachbretter
  müssen Sie diese und die Oberkanten der Kastenseitenwände
  (rechts und links) mit einer Raspel entsprechend der Dachneigung
  noch etwas anschrägen. Die aufgelegte Dachpappe wird um die
  Dachkanten geschlagen, mit speziellen Pappnägeln festgenagelt
  und danach an den Rändern sauber abgeschnitten.
- Für den Bau des Hummelnistkastens, der im Erdgeschoss des
  Insektenhotels Platz findet, richten Sie sich bitte nach der Bauanleitung auf Seite 96.

Standort und Wartung

Der Kasten sollte mit der Stirnseite möglichst in südöstlicher Richtung vor einer Wand aufgestellt oder an der Fassade aufgehängt werden. Für das Aufstellen braucht der Kasten eine stabile, waagerechte Unterlage, zum Beispiel aus Blocksteinen. Zum Aufhängen an der Fassade durchbohrt man die beiden Bretter, aus denen sich die Rückwand zusammensetzt, an den Eckpunkten und bringt den Kasten mit Schrauben, Unterlegscheiben und Dübeln am Mauerwerk an.

Das Insektenhotel sollte spätestens Anfang März bezugsfertig sein. Einmal jährlich, im Winter, wird der Hummelkasten in der unteren Etage gründlich und schadstofffrei gereinigt und mit neuem Nistmaterial gefüllt. Die Nisthilfen für Wildbienen müssen nicht gesäubert werden, da die Insekten die Reste alter Nester selbst ausräumen und diese besiedeln. Stark verwitterte, nicht belegte Nisthilfen können Sie gegebenenfalls auswechseln.

Insektenhotel Modell III für Terrasse und Balkon

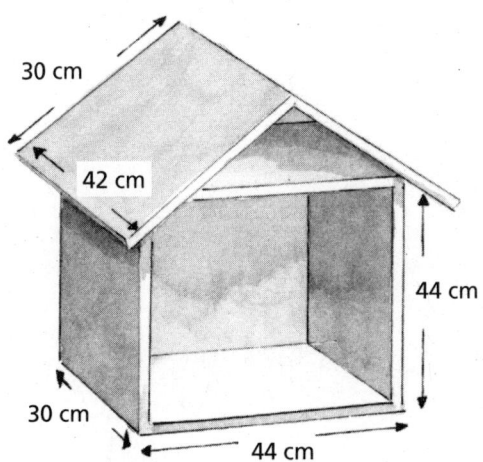

Baumaterial
- 2 Dachplatten: 2 Bretter, jeweils 42 cm × 30 cm, 2 cm stark
- 1 Bodenplatte: 1 Brett, 40 cm × 30 cm, 2 cm stark
- Gefach: 1 Brett, 40 cm × 30 cm, 2 cm stark
- 2 Seitenwände: 2 Bretter, jeweils 44 cm × 30 cm, 2 cm stark
- Rückwand: 2 Bretter, jeweils 64 cm × 22 cm, 2 cm stark, jeweils eine der 64-cm-Längen bei beiden Brettern auf 44 cm abgeschrägt, siehe Bauplan
- Dachpappe: etwa 68 cm × 48 cm
- Nägel zum Befestigen der Dachpappe
- Nägel oder Schrauben zum Zusammenbau der Holzteile

Bauanleitung, Standort und Wartung
Richten Sie sich für Zusammenbau, Standort und Wartung nach den Hinweisen auf Seite 103 und 104 und nach der Bauanleitung für den Hummelnistkasten auf Seite 96.

Hummelgärten bepflanzen

Hummeln bevorzugen Gärten, in denen ihnen während der gesamten Flugzeit ein breites Spektrum an Nahrungspflanzen zur Verfügung steht. Bedingt durch unterschiedliche Rüssellängen und Lebensgewohnheiten haben sie Vorlieben für bestimmte Pflanzenarten und auch gewisse Abhängigkeiten zu ihnen entwickelt. So werden Blüten, bei denen sich die Nektarquelle am Grund eines langen Schlundes verbirgt, bevorzugt von langrüsseligen Hummeln beflogen, während die Bestäubung von unkomplizierter gebauten Blüten mit kurzen Kronröhren eher durch kurzrüsselige Hummeln erfolgt. Mit dem gezielten Anpflanzen entsprechender Trachtpflanzen kann man sowohl den langrüsseligen als auch den kurzrüsseligen Hummelarten entgegenkommen und sie möglicherweise noch aus etwa zwei Kilometer Entfernung in den Garten locken.

Hummeln können einen Garten allerdings nur dann besuchen, wenn sie auch in der näheren Umgebung vorkommen. Ein einzelner hummelfreundlich angelegter Garten inmitten einer blütenarmen Stadtlandschaft wird deshalb seltener von Hummeln besucht werden, als ein Garten im ländlichen Siedlungsraum, wo es noch wild wachsende Hummelblumen auf Wiesen und Brachflächen oder an Wegrändern und Waldrändern gibt. Einen besonderen Wert kann ein Garten für Hummeln erlangen, wenn er keine einsame Blüteninsel bleibt, sondern wenn wir Nachbarn oder Bekannte in der Umgebung mit unserer Begeisterung für die sympathischen Insekten anstecken und diese Menschen ihre eigenen Gärten dann ein wenig nach deren Lebensansprüchen gestalten. Durch die Vernetzung vieler hummelfreundlich angelegter Einzelgärten ergeben sich Lebensmöglichkeiten für viele Hummeln und auch für Einsiedlerbienen oder Honigbienen, die neue, lohnende Nahrungsquellen schnell entdecken.

Als Vorbild für einen Garten, der den Lebensansprüchen von Hummeln entgegenkommt, kann auch heute noch der traditionelle Bauerngarten dienen, der weitgehend aus der Mode gekommen ist. In ihm gibt es neben Obstbäumen, Beerensträuchern, Gemüsepflanzen und Küchenkräutern vom zeitigen Frühjahr bis in den Herbst hinein auch prächtige Schnittblumen, hochwachsende Fingerhüte, Rittersporne, Königskerzen oder Sonnenblumen, womit sich das Nützliche und das Schöne bunt miteinander vermischt. In solchen Gärten finden Hummeln, Bienen und andere Tiere eine breite Nahrungsbasis, ohne dass sich der Gärtner darüber groß den Kopf zerbrechen muss.

Die alten Bauerngärten sind heute nur noch selten zu finden und unsere Hausgärten werden häufig von Pflanzen wie Tulpenbaum, Kriechwachholder, Thuja, Fichte oder Rhododendron dominiert.

Von diesen Pflanzen sind nur die Rhododendren als Nahrungsquellen für Hummeln interessant und ihre prachtvollen Frühjahrsblüten locken tatsächlich zahlreiche Hummeln in den Garten. Nach der Rhododendronblüte herrscht in solchen Ziergärten allerdings den ganzen Sommer über Friedhofsstille. Das freundliche Brummen der Hummeln ist verstummt und wird erst wieder im nächsten Jahr zur Rhododendronblüte zu hören sein. Aus Sicht der Hummeln ist solch ein Garten wertlos geworden, denn wenn die Tiere den Sommer über blieben, müssten sie verhungern.

Im Prinzip wünschen sich Hummeln und Gärtner das Gleiche: eine blütenreiche Gartenlandschaft während der gesamten Wachstumsperiode. Bei der Wahl der Pflanzen haben Gärtner und Hummeln aber teilweise unterschiedliche Vorstellungen. Für Hummeln sind Blumen ausschließlich als Nahrungsquellen interessant, während sich ein Blumenfreund eher für die Form und Farbe der Blüte oder ihren Wohlgeruch interessiert. Hummeln können Düfte zwar wahrnehmen, der Geruch einer Blüte beeinflusst ihr Sammelverhalten aber in weitaus geringerem Maße als das der Honigbienen, die sich mit dem Duft besonders ergiebiger Blütenarten parfümieren und ihren Stockschwestern dann das Blütenparfüm, das ihnen anhaftet, als Botschaft überbringen. Hummeln erkennen die Farben Gelb, Grün, Blau und Violett, bleiben Blüten, die sich mit diesen Farben schmücken, aber nicht wahllos treu. Ein Beispiel dafür, dass Hummeln in ihrem Sammeleifer von den Farbsignalen einer Blüte nur bedingt beeinflusst werden, ist die grellrote Klatschmohnblüte, die von den Tieren oft besucht wird, obwohl Hummeln wie auch Honigbienen rotblind sind.

Wer Hummeln anlocken will, braucht auf seine Lieblingsblumen, wie etwa prachtvolle Dahlien oder Edelrosen, die mit ihren gefüllten Blüten für Hummeln wertlos sind, natürlich nicht zu verzichten. Man kann sich bei der Pflanzenauswahl aber an den Bedürfnissen der Tiere orientieren und den Garten um Blumen bereichern, die Hummeln besonders gerne mögen.

Hummeln suchen sich Gärten nicht nach deren Größe aus. So ignorieren sie einen dreitausend Quadratmeter großen Garten, wenn sie dort keine passenden Futterpflanzen finden. Andererseits können

sie zu Dauergästen eines Balkongartens oder Reihenhausgartens werden, wenn ihnen dort vom Frühjahr bis in den Herbst hinein mit nacheinander blühenden Trachtpflanzen kontinuierlich geeignete Nahrungsquellen zur Verfügung stehen. Hummeln besuchen vor allem Blüten, die ihnen ausreichend Nektar und Pollen bieten. Sie befliegen aber auch reine Nektarpflanzen wie Katzenminze oder Gartensalbei und reine Pollenspender wie Hundsrose oder Tomate. Manche Hummelarten wie die Erdhummel oder die Steinhummel sind besonders blütenstet. Sie bevorzugen eine größere Anzahl Pflanzen der gleichen Art, um bei der Nahrungssuche dann ohne lange Wege von einer Blüte zur nächsten zu wechseln. Im Garten, wo eine Gruppe Primeln, Fingerhüte oder Lupinen beieinander steht, kann man dieses Sammelverhalten ganz aus der Nähe studieren. Baumhummeln oder Ackerhummeln wechseln dagegen rasch von einer Blütenart zur anderen und nutzen ein großes Spektrum an Nahrungspflanzen.

Hummelblumen können praktisch überall angepflanzt werden, wo es geeignete Wachstumsmöglichkeiten für sie gibt: vor Hausfassaden oder Mauern, in Vorgärten und Steingärten, unter Bäumen und Hecken, in Trockenmauern, Rabatten und Beeten, an Gartenteichen, auf Dächern, Balkonen oder Terrassen.

Früher Blütenzauber unter Büschen

Noch bevor es Frühling wird, haben Wildblumen wie Scharbocks-
kraut, Leberblümchen, Veilchen oder Buschwindröschen ihre prachtvollen Auftritte unter Laubbäumen und Büschen. Sie durchstoßen
die dicke Laubschicht am Boden und nutzen das Sonnenlicht, das
jetzt noch ungehindert zwischen den kahlen Ästen und Zweigen
hindurchdringt, bevor die heranwachsenden Blätter von Bäumen
oder Sträuchern die Bodenregion im Verlauf des Jahres immer mehr
verdüstern. In den folgenden Monaten geht die Zeit der opulenten
Frühblüher dann zu Ende. Aber es tauchen neue Arten auf, die sich
mit etwas bescheidenerer Blütenpracht im Schatten der Laubgehölze
behaupten, wie Waldmeister, Kleines Immergrün, Waldgeißbart oder
Ruprechtskraut.

Viele Wildblumenarten, die im Wald unter Büschen und Bäu-
men wachsen, gedeihen auch im Garten, wenn sie dort ähnliche
Bedingungen wie an ihren natürlichen Standorten finden. Mit ihrer
Blütenpracht setzen sie nicht nur farbige Akzente, sondern bilden
auch wichtige Grundlagen für ein vielfältiges Tierleben. Die dichte
Krautschicht am Boden ist interessant für Hummeln, Erdkröten,
Spinnen, Asseln, Laufkäfer, Schnecken, Spitzmäuse oder Igel, die
dort Nahrungspflanzen, Brutplätze, Verstecke oder Beutetiere finden.

Schattenpflanzen im Wald erhalten ständig Nährstoffnachschub
durch abgefallene Blätter von Bäumen oder Sträuchern. Deshalb
empfiehlt sich auch im Garten für die Erstpflanzung dieser Arten
unter Wildsträuchern eine extra dicke Mulchschicht aus Laub. Eine
weitere Bodenverbesserung erreicht man durch Kompost, gemischt
mit gehäckselten Holzresten. Die Pflanzen werden im Abstand von
10 bis 20 Zentimetern entweder als bunte Mischung oder nach Arten
sortiert in Gruppen eingesetzt. Sie werden einige Jahre brauchen,
bis sie sich richtig entwickelt haben. Dabei werden wahrscheinlich
einige untergehen. Andere behaupten sich und wachsen umso besser.
Unerwünschte Arten, vor allem Gräser, sollte man in der ersten Zeit
immer wieder jäten.

Nektarquellen nach der Winterzeit

In den halbschattigen und schattigen Bereichen unter Wildsträuchern gedeihen zahlreiche Frühblüher, die das spontane Interesse von Hummeln wecken. Nach der langen Winterzeit sind die Tiere auf der Suche nach Blütennektar und sammeln ihn am liebsten an einigen »altmodischen« Wildpflanzen wie Echtem Lungenkraut, Gefleckter Taubnessel oder Stängelloser Schlüsselblume. Früher waren solche Gewächse in Wäldern und an Wegrändern häufig zu finden. Heute sind einige von ihnen eher selten geworden. Auch viele Gärtner geraten bei ihrem Anblick nicht gerade »aus dem Häuschen«, weil ihnen diese Pflanzen mit ihren kleinen und doch wunderschönen Blüten nicht dekorativ genug erscheinen. Für Hummeln sind sie jedoch die Klassiker unter den frühblühenden Nektarpflanzen und wer die Tiere anlocken will, braucht nur deren Lieblingsblumen unter Wildsträuchern im Garten zu pflanzen und wachsen zu lassen.

Hummelblumen unter Sträuchern

Deutscher Name Botanischer Name	Blütezeit Blütenfarbe	Wuchshöhe Ansprüche an die Feuchtigkeit
Echtes Lungenkraut *Pulmonaria officinalis*	März – Mai violett	10 – 30 cm; mittel
Gefleckte Taubnessel *Lamium maculatum*	März – September rot	20 – 60 cm; gering
Goldnessel *Lamium galeobdolum*	April – Juni gelb	30 – 50 cm; gering
Hohe Schlüsselblume *Primula elatior*	März – Mai hellgelb	20 – 30 cm; hoch
Hohler Lerchensporn *Corydalis cava*	März – Mai rot, weiß	15 – 30 cm; mittel
Purpurrote Taubnessel *Lamium purpureum*	März – Oktober purpurn	10 – 30 cm; gering
Stängellose Schlüsselblume *Primula vulgaris*	Februar – April hellgelb	5 – 10 cm; hoch
Weiße Taubnessel *Lamium album*	April – Oktober weiß	20 – 50 cm; gering

Wildsträucher

Wildstrauchgruppen aus einheimischen Gehölzen liegen bei Tieren, die in unserem Garten leben, in der Beliebtheit ganz weit vorne. In ihrem Gewirr aus Ästen und Blättern verbergen Wildsträucher ineinander verschachtelte Lebensräume und Nahrungsquellen für Vögel, Kleinsäuger, Spinnen und Insekten. In einer vielschichtigen Wildstrauchhecke blüht immer irgendetwas, das Hummeln, Bienen oder Schmetterlinge anlockt. Vögel finden dort Sitzwarten, Brutplätze und schmackhafte Früchte. Die Hecke bietet Blätter für hungrige Raupen und saftige Stängel für Blattläuse. Gleichzeitig interessieren sich Igel, Spitzmäuse, Raubwanzen, Spinnen, Florfliegen oder Marienkäfer für die Saftsauger und Blattfresser als Nahrungstiere und halten diese in Schach.

Wildsträucher pflanzen und pflegen

Zum Anpflanzen von Wildsträuchern eignen sich die Wintermonate November bis März, jedoch nicht bei gefrorenem Boden. Das Charakteristische einer Wildstrauchhecke ist ihre bunte Mischung aus Büschen oder Bäumen, wobei jede Art einen anderen Wuchs und eigene Ansprüche hat. Deshalb brauchen Gehölze, die sich stark ausbreiten werden, einen entsprechend großen Abstand zu den Nachbarpflanzen.

Wildstrauchhecken können einreihig, zweireihig oder wenn der Garten groß genug ist, sogar dreireihig gepflanzt werden, wobei die Sträucher einer Reihe nie auf einer Linie, sondern stets etwas versetzt zueinander stehen. In der Regel pflanzt man die hochwachsenden Arten nach hinten oder in die Mitte, die niedrigen nach vorne oder an den Rand.

Bei einer Wildstrauchhecke ist alle paar Jahre ein Rückschnitt fällig. Die beste Zeit ist dafür der Herbst, im nächsten Frühjahr treiben die Sträucher dann umso kräftiger aus.

Einheimische Wildsträucher für Hummeln

Deutscher Name Botanischer Name	Blütezeit Blütenfarbe	Wuchshöhe Feuchtigkeitsansprüche
Echter Kreuzdorn *Rhamnus cathartica*	Mai – Juni gelbgrün	2 – 5 m; gering bis mittel
Eingriffeliger Weißdorn *Crataegus monogyna*	Mai – Juni weiß	2 – 4 m; mittel bis hoch
Faulbaum *Frangula alnus*	Mai – Juni grünlich weiß	1 – 3 m; hoch
Gewöhnliche Berberitze *Berberis vulgaris*	Mai – Juni gelb	1 – 3 m; gering bis mittel
Gewöhnlicher Liguster *Ligustrum vulgare*	Juni – Juli weiß	1 – 2 m; mittel bis gering
Gewöhnlicher Schneeball *Viburnum opulus*	Mai – Juni weiß	1 – 5 m; hoch
Haselnuss *Corylus avellana*	Februar – April gelb	3 – 5 m; mittel bis hoch
Hunds-Rose *Rosa canina*	Juni – Juli rosa	2 – 4 m; gering bis mittel
Rote Heckenkirsche *Lonicera xylosteum*	Mai – Juni gelb	1 – 2 m; mittel bis hoch
Roter Hartriegel *Cornus sanguinea*	Mai – Juni weiß	2 – 5 m; gering
Roter Holunder *Sambucus racemosa*	April – Mai gelb	1 – 4 m; mittel bis hoch
Sanddorn *Hippophae rhamnoides*	April – Mai braun	1 – 4 m; gering
Schlehe *Prunus spinosa*	April – Mai weiß	1 – 3 m; mittel
Wilde Stachelbeere *Ribes uva-crispa*	April – Mai grüngelb	0,5 – 1 m; mittel bis hoch
Wolliger Schneeball *Viburnum lantana*	April – Mai weiß	1 – 3 m; gering bis mittel

Heidegarten

Im Allgemeinen verbindet man mit dem Begriff »Heide« die Lüne-
burger Heide, eine offene Landschaft, beherrscht von einem rosa
blühenden Zwergstrauch, dem Heidekraut. Neben dieser wohl
bekanntesten atlantischen Besenheide finden wir in Mitteleuropa
aber noch weitere Heidetypen wie die Dünenheiden der Küsten,
die Wacholderheide der Schwäbischen Alb oder die von der Schnee-
Heide geprägten Gebirgsheiden.

Heiden sind sehr junge, unter menschlichem Einfluss entstandene
Landschaftsbereiche, die sich meist über ehemaligen Hochmooren
herausgebildet haben. Auf den abgetorften und entwässerten Moorflächen wuchsen zunächst genügsame Baumarten wie Eichen, Birken
oder Kiefern heran. Die so entstandenen Wälder wurden wiederum
gerodet, um Weiden oder Ackerflächen Platz zu machen. Als die
Nutzungsmöglichkeiten der einstigen Moorflächen erschöpft waren,
siedelten sich schließlich Heidekraut, Wacholder und vereinzelt
auch Birken oder Kiefern an. Dadurch erlangte die Heide erneut
eine gewisse wirtschaftliche Bedeutung: zum einen für Schäfer, die
dort ihre Heidschnucken – eine Schafart, die sich von Heidekraut
ernährt – weiden lassen, zum anderen für Imker, deren Honigbienen
den begehrten Heidehonig eintragen.

Neben ihrer Charakterpflanze, dem Heidekraut, findet man in der
Heide auch viele andere Wildpflanzen wie Sand-Thymian, Gewöhn-
liches Katzenpfötchen oder Roten Fingerhut, die für Honigbienen
und Hummeln wichtige Nahrungsquellen sind.

Einen Heidegarten genau nach natürlichen Vorbildern anzulegen,
ist in der Regel meist schon deshalb nicht möglich, weil unsere Gärten
dafür zu klein sind. Bei der Gestaltung geht es allerdings weniger
um eine exakte Kopie, als vielmehr um natürliche Wirkung. Bei der
Pflanzenauswahl sollte man deshalb auf grellbunte Zuchtformen
von Heidekräutern, die man in Gartencentern findet, am besten
verzichten. Diese Kulturhybriden haben keinerlei Bezug zu den
natürlichen Heidelandschaften und sind für nektarsuchende Bienen
oder Hummeln meist völlig wertlos.

Hummelblumen für den Heidegarten

Deutscher Name Botanischer Name	Blütezeit Blütenfarbe	Wuchshöhe Standort
Berg-Sandglöckchen *Jasione montana*	Juni – August himmelblau	15 – 30 cm; sonnig
Färber-Ginster *Genista tinctoria*	Juni – August goldgelb	30 – 60 cm; sonnig
Gewöhnliches Katzenpfötchen *Antennaria dioica*	Mai – Juli rosa	5 – 25 cm; sonnig bis halbschattig
Heidekraut *Calluna vulgaris*	Juli – September rosa	20 – 50 cm; sonnig bis halbschattig
Heidelbeere *Vaccinium myrtillus*	April – Mai rötlich	bis 50 cm; sonnig bis halbschattig
Preiselbeere *Vaccinium vitis-idaea*	Juni – Juli rosa	bis 20 cm; sonnig bis halbschattig
Roter Fingerhut *Digitalis purpurea*	Juni – August purpurrot, violett	60 – 150 cm; sonnig bis halbschattig
Rundblättrige Glockenblume *Campanula rotundifolia*	Juni – Oktober himmelblau	10 – 40 cm; sonnig bis halbschattig
Sand-Thymian *Thymus serpyllum*	Mai – Oktober rosa	10 – 30 cm; sonnig
Schnee-Heide *Erica herbacea*	Oktober – April variabel	bis 50 cm; sonnig bis halbschattig, kalkliebend

Viele Heidepflanzen sind anpassungsfähig, gedeihen in der Regel aber auf nährstoffarmen, sauren Sandböden oder Rohhumusböden, die man an den natürlichen Standorten unter der Heidekrautdecke findet, am besten. Um ähnliche Bodenverhältnisse im Garten zu schaffen, empfiehlt es sich, den dort meist vorkommenden nährstoffreichen Mutterboden zu gleichen Anteilen mit Rindenkompost, Rindenmulch und kalkfreiem Quarzsand zu mischen. Die Pflanzen lassen sich beliebig miteinander kombinieren. Heidekraut, Schnee-Heide oder Heidelbeeren gedeihen naturgemäß am besten in Gruppen. Damit sich später ein dichter Bestand ergibt, sollte man bei der Erstpflanzung etwa zwanzig Exemplare pro Quadratmeter einsetzen.

Torf im Garten

Heidepflanzen gedeihen auf nährstoffarmen, sauren Böden am besten. Dieses Bedürfnis sollte man jedoch keinesfalls mit Hilfe von Torf im Garten befriedigen.

Von den 9 000 Quadratkilometern Naturmoor in Deutschland sind nur etwa 600 Quadratkilometer erhalten geblieben. Mit der Vernichtung der Hochmoore sind auch viele der für diese Landschaft typischen Tierarten in Bedrängnis geraten, wie etwa der Wachtelkönig oder das Birkhuhn. Ebenso ergeht es vielen Charakterpflanzen der Moore. Noch heute werden hierzulande jährlich etwa 11 Millionen Kubikmeter Weißtorf und Schwarztorf verbraucht.

Trotz schwindender Vorkommen und bedenklicher Torfimporte aus Estland oder Lettland wird Torf immer noch viel zu billig angeboten. Bei manchen Gärtnern entsteht so der Eindruck, es handele sich um ein preiswertes Naturprodukt, das in unbegrenzter Menge zur Verfügung steht. Deshalb wird Torf in vielen Gärten Jahr für Jahr aufs Neue eingebracht, im guten Glauben, dass er für ein gesundes Pflanzenwachstum unverzichtbar ist. Dabei gibt es inzwischen eine Reihe von organischen und nichtorganischen Torfersatzstoffen, die den gleichen Zweck – in manchen Fällen sogar besser – erfüllen.

Hummelblumen am Gartenteich

Wasserpflanzen stammen nur indirekt von den »Urpflanzen« ab, die im Wasser wuchsen, sondern sind ehemalige Landpflanzen, die wieder zum Wasserleben zurückgekehrt sind. Dem Leben im und am Wasser haben sich diese zwischenzeitlich landbewohnenden Pflanzen dann wieder auf verschiedene Weise angepasst. Es gibt völlig untergetaucht lebende Unterwasserpflanzen, Schwimmblattpflanzen, die im Boden wurzeln und deren Blätter an der Wasseroberfläche schwimmen, Schwimmpflanzen, die keine oder nur unscheinbare Wurzeln haben und frei an der Wasseroberfläche treiben, sowie Sumpfpflanzen, die nur mit ihrem Wurzelwerk im Wasser stehen.

Wasserpflanzen müssen sich zum Teil unter sehr ungünstigen Bedingungen vermehren. Einige der vom Wasser völlig bedeckten Arten bringen zwar kleine, unscheinbare Blüten hervor. Weil jedoch die Bestäuberinsekten fehlen, können die Pflanzen keine Samen bilden und vermehren sich deshalb meist über weitverzweigte Wurzelausläufer oder Rhizomausläufer. Anders verhält es sich bei den Sumpfpflanzen, die nur mit ihren Wurzeln im seichten Wasser oder auf immerfeuchten Böden stehen. Mit ihren prachtvollen Blüten haben sie sich ganz auf die Bestäubung durch Fluginsekten spezialisiert.

Die Blüten von Sumpfpflanzen sind nicht nur bloße Zierde für unseren Gartenteich, sondern auch bei Hummeln sehr begehrt. Einige Arten, wie die Schachbrettblume oder die Sibirische Schwertlilie, haben extravagante Blütenformen mit tief liegenden Nektarien entwickelt, deren Bestäubung vor allem die robusten Hummeln übernehmen. Der Fieberklee, eine selten gewordene Pflanze, die auch an einem naturnahen Gartenteich gedeiht, will sich offensichtlich exklusiv von Hummeln bestäuben lassen. Seine weißrosa gefransten Blütenblätter liegen wie ein Sperrgürtel um die Nektarquelle, sodass nur eine schwere Hummel zu ihr vordringen kann.

Sumpfpflanzen und Wasserpflanzen für Hummeln

Deutscher Name Botanischer Name	Blütezeit Blütenfarbe	Wuchshöhe Standort
Bach-Nelkenwurz *Geum rivale*	Mai – August rotbraun	bis 70 cm; halbschattig, etwas trockenerer Randbereich
Europäische Trollblume *Trollius europaeus*	April – Juni gelb	30 – 50 cm; sonnig / halbschattig, Sumpfzone
Fieberklee *Menyanthes trifoliata*	Mai – Juni weiß	20 – 40 cm; sonnig, Flachwasser
Gewöhnlicher Beinwell *Symphytum officinale*	Mai – Juli violett	30 – 100 cm; halbschattig, Sumpfzone
Hohe Schlüsselblume *Primula elatior*	März – Mai gelb	bis 20 cm; halbschattig, feuchter Randbereich
Hohler Lerchensporn *Corydalis cava*	März – Mai purpur	20 – 30 cm; halbschattig, feuchter Randbereich

Deutscher Name Botanischer Name	Blütezeit Blütenfarbe	Wuchshöhe Standort
Kuckucks-Lichtnelke *Lychnis flos-cuculi*	Mai – August rosa	bis 90 cm; sonnig / halbschattig, Sumpfzone
Pfennigkraut *Lysimachia nummularia*	Mai – Juli gelb	1 – 2 cm; sonnig / halbschattig, Sumpfzone / Flachwasser
Schachbrettblume *Fritillaria meleagris*	April – Mai purpur / weißlich	20 – 40 cm; sonnig, Sumpfzone
Sibirische Schwertlilie *Iris sibirica*	Mai – Juni blauviolett	50 – 60 cm; sonnig, Sumpfzone / Flachwasser
Sumpf-Dotterblume *Caltha palustris*	März – Mai gelb	20 – 40 cm; sonnig, Flachwasser
Sumpf-Storchschnabel *Geranium palustre*	Mai – August rotviolett	30 – 50 cm halbschattig, Sumpfzone / Flachwasser

Blumenwiesen

Blumenwiesen überwältigen uns mit ihrer Farbenpracht, und zwischen den Blüten und Gräsern wimmelt es von Schmetterlingen, Hummeln, Bienen, Spinnen und Käfern. Unser grüner Rasen im Garten, den wir von Moosen befreien, düngen, regelmäßig mähen und mit dem Kantentrimmer in Form halten, schneidet dagegen recht ungünstig ab. Er macht eine Menge Arbeit und sieht deshalb akkurat aus, aber den Duft und die Lebendigkeit einer Blumenwiese kann er uns nicht bieten.

Leider ist es nicht möglich, den in Gärten vielfach vorherrschenden Zierrasen im Handumdrehen in eine Blumenwiese zu verwandeln. Im Normalfall ist die Erde im Garten viel zu humusreich für diejenigen Pflanzen, die wir in einer Blumenwiese bewundern. Das in Gärten vielfach vorhandene Erdreich neigt zur Verdichtung, denn zwischen den einzelnen Bodenteilchen liegen nur winzige Zwischenräume, in denen sich Regenwasser lange hält. Die meisten Wiesenblumen benötigen dagegen durchlässige, sandige Böden, aus denen das Wasser schnell abfließen kann.

Um mehr Blüten- und Tiervielfalt in den Garten zu bringen, kann man einen kurz geschorenen Rasen nach und nach in eine Wildblumenwiese verwandeln, indem man ihn nur noch zwei- bis dreimal im Jahr mäht und auf das Düngen ganz verzichtet. Auf einer solchen Rasenfläche wachsen dann wahrscheinlich rasch die Standardblumen der Fettwiesen wie Gänseblümchen, Weißklee oder Löwenzahn heran, denen wir beim Mähen sonst die Köpfe abgeschnitten haben. Um das Pflanzenspektrum schrittweise zu erweitern, braucht der Rasen zunächst eine Abmagerungskur. An den für die Aussaat vorgesehenen Stellen wird der alte Grünrasen deshalb mit einem Spaten bis unter den Wurzelbereich der Gräser abgetragen. Die entstandenen Löcher werden mit Sand aufgefüllt, den man gründlich mit etwas Erdreich vermischt. Die solchermaßen abgemagerte Fläche wird abschließend mit einem Rechen planiert. Die aufkeimenden Samen oder Jungpflanzen müssen zunächst öfter gossen werden, und die daneben sprießenden Konkurrenzpflanzen

werden so lange gejätet, bis die Wildblumen herangewachsen sind. Grundsätzlich braucht eine Wildblumenwiese sehr viel Sonne und leider ist sie auch kein Tummelplatz für spielende Kinder.

Farbenfrohe Kompromisse

Wenn der Garten zu klein für eine Blumenwiese ist, kann man Wildblumen stattdessen an vielen anderen Sonnenplätzen pflanzen oder säen: vor Trockenmauern, in Beeten, an Wegen oder Treppen (siehe auch Seiten 127 und 140).

Eine grüne Rasenfläche, die als Spielwiese für Kinder dienen soll, kann im zeitigen Frühjahr dennoch üppig blühen. Unter Bäumen, vor Sträuchern und Hecken oder an Stellen, wo die Wiese vielleicht ohnehin lädiert ist, werden im Herbst die Zwiebeln verschiedener Krokusarten, von Schneeglöckchen, Schneeglanz, Blausternchen, Wildtulpen oder kleinwüchsigen Narzissenarten im Boden vergraben. Diese Frühjahrsblumen erfreuen uns durch wochenlangen Blütenzauber und sind begehrte Nahrungsquellen für Hummeln und Bienen, die ihre Winterquartiere gerade verlassen haben. Die Frühlingsboten breiten sich im Laufe der Jahre immer weiter aus und bilden schließlich bunte Teppiche. Sind sie verwelkt, kann die Wiese gemäht werden und die Kinder können den ganzen Sommer über darauf spielen.

Hummelblumen für Trockenwiese und Fettwiese

Deutscher Name Botanischer Name	Blütezeit Blütenfarbe	Wuchshöhe Standort
Blutwurz *Potentilla erecta*	Juni – Juli gelb	5 – 30 cm; Trockenwiese
Gewöhnliche Kugelblume *Globularia punctata*	Mai – Juni violett	5 – 30 cm; Trockenwiese
Gewöhnlicher Hornklee *Lotus corniculatus*	Mai – August gelb	5 – 30 cm; Trockenwiese
Gewöhnlicher Natternkopf *Echium vulgare*	Mai – August blau	40 – 80 cm; Trockenwiese
Große Traubenhyazinthe *Muscari racemosum*	April – Juni blau	10 – 20 cm; Trockenwiese
Hopfenklee *Medicago lupulina*	Mai – Oktober gelb	10 – 40 cm; Trockenwiese
Kleiner Klappertopf *Rhinanthus minor*	Mai – August gelb	10 – 40 cm; Trockenwiese
Kriechender Günsel *Ajuga reptans*	Mai – August blauviolett	10 – 30 cm; Fettwiese
Kugelige Teufelskralle *Phyteuma orbiculare*	Mai – Juli blau	10 – 30 cm; Trockenwiese

Deutscher Name Botanischer Name	Blütezeit Blütenfarbe	Wuchshöhe Standort
Roter Wiesenklee *Trifolium pratense*	Mai – September rotviolett	20 – 40 cm; Fettwiese
Rundblättrige Glockenblume *Campanula rotundifolia*	Juni – Oktober blau	15 – 40 cm; Trockenwiese
Saat-Luzerne *Medicago sativa*	Juni – September violett	30 – 80 cm; Trockenwiese
Steppen-Salbei *Salvia nemorosa*	Juni – August violett	20 – 70 cm; Trockenwiese
Tauben-Skabiose *Scabiosa columbaria*	Juli – Oktober lila	20 – 60 cm; Trockenwiese
Vogel-Wicke *Vicia cracca*	Juni – August violett	20 – 150 cm; Fettwiese
Weißklee *Trifolium repens*	Mai – Oktober weiß	5 – 30 cm; Fettwiese
Wiesen-Glockenblume *Campanula patula*	Mai – Juli blau	20 – 50 cm; Trockenwiese, Fettwiese
Wiesen-Salbei *Salvia pratensis*	Mai – September blau	30 – 60 cm; Trockenwiese, Fettwiese
Wiesen-Storchschnabel *Geranium pratense*	Mai – September blauviolett	30 – 80 cm; Fettwiese
Zottiger Klappertopf *Rhinanthus alectorolophus*	Mai – September gelb	20 – 80 cm; Trockenwiese, Fettwiese

Hummelpflanzen an Trockenstandorten

Viele Landwirte und Gemüsegärtner möchten auf steinreichen Sandböden am liebsten gar nichts anbauen, weil dort sowieso nichts richtig
wächst. Während sich viele Pflanzen auf solchen Böden tatsächlich
herumquälen, fühlen sich an Trockenheit und Nährstoffarmut an-
gepasste Arten dort so richtig wohl. Trockenpflanzen haben die verschiedensten Methoden entwickelt, um auch längere Durststrecken
zu überstehen. Sie dringen mit ihren Wurzeln tief in den Boden oder
in Felsspalten ein. Ihre Blätter können Wasser speichern oder sie
bilden Blattformen aus, die aufrecht stehen und die besonnte Blatt-
fläche und Verdunstung auf diese Weise minimieren.

Trockenpflanzen sind typische Besiedler des nährstoffarmen
Trockenrasens und der ursprünglichen Weinbaugebiete mit ihren
Hanglagen und Stützmauern. Chemikalien und gravierende Flurbereinigungsmaßnahmen haben die traditionellen Weinberge vieler-
orts in eine triste Rebenlandschaft verwandelt, in der sich die wild
wachsenden Trockenpflanzen auf dem Rückzug befinden. Auch die
Trockenwiesen und mit ihnen die für sie typischen Pflanzengesell-
schaften sind vielfach aus unserem Landschaftsbild verschwunden.
Die natürlicherweise auf durchlässigem, trockenem Untergrund
wachsenden Pflanzen findet man heute überwiegend an eher
naturfernen Standorten, die durch menschliche Baumaßnahmen
entstanden sind: in ehemaligen Kiesgruben oder Steinbrüchen, auf
Schutthaufen oder an Lärmschutzwällen an Autobahnen. Diese anspruchslosen Überlebenskünstler stammen aus den verschiedensten
Pflanzenfamilien. Sie blühen vom zeitigen Frühjahr bis in den Herbst
und sind für Hummeln und Bienen beständige Nahrungsquellen.

Im Garten brauchen Trockenpflanzen eine Grundlage aus Bruch-
steinen, Schotter, Sand oder Kies und einen Standort, wo es überwiegend sonnig ist. In ihrer Vielfalt an Formen und Blüten lassen
sie uns viel Spielraum für eigene Gestaltungsideen. Sie gedeihen in
Töpfen und Schalen oder im Steingarten. Sie wachsen aber auch an
Extremstandorten, die für andere Pflanzenarten unzumutbar sind: auf
Dächern oder in Ritzen von Natursteintreppen und Trockenmauern.

Wildblumeninseln für kleine Gärten

Das Anlegen von Trockenbiotopen, in denen die für sie typischen Wildblumenarten gedeihen, ist meist mit sehr viel Arbeit verbunden. In vielen Gärten ist auch kein Platz für eine Trockenmauer oder eine schöne Magerwiese. In fast jedem Kleingarten mit einer Grünwiese lässt sich dagegen eine kleine Fläche so gestalten, dass sie zu einer attraktiven Insel mit wilden Blumen wird, an denen uns Hummeln und andere nektarsuchende Insekten mit ihrem Anblick erfreuen. Der Grünrasen wird für die Anlage einer solchen Insel bis unter den

Wurzelbereich der Gräser abgetragen. Danach füllt man die ausgehobene Stelle mit Sand und vermischt diesen mit einem Teil der unteren Mutterbodenschicht. Auf dieser abgemagerten Fläche kann man jetzt Wildpflanzen einsetzen, die auf Trockenwiesen gedeihen und die Sie in der Tabelle auf Seite 124 finden. Auf den relativ kleinen Flächen von ein oder zwei Quadratmetern kann man auch Wiesenblumen-Mischungen aussäen. In diesem Fall weiß man allerdings nie genau, was später einmal dabei herauskommt. In der Regel befinden sich in den Samenmischungen viele einjährige Ackerwildkräuter wie Klatschmohn oder Kornblume, die im ersten Jahr wunderschön blühen, in den folgenden Jahren dann aber verschwinden.

Noch kleinere Wildblumeninseln kann man in Töpfen oder Schalen anlegen, die dann an einem Sonnenplatz auf der Terrasse oder dem Balkon ihre Plätze finden. Das Pflanzsubstrat hierfür lässt sich leicht selbst herstellen, indem man je zur Hälfte normale Gartenerde und Sand miteinander vermischt.

Hummelblumen für Trockenbiotope im Garten

Deutscher Name Botanischer Name	Blütezeit Blütenfarbe	Wuchshöhe Standort
Alpen-Distel *Carduus defloratus*	Mai – August purpur	bis 80 cm; Trockenmauer, Steingarten
Breitblättriger Enzian *Gentiana acaulis*	Juni – August azurblau	5 – 10 cm; Steingarten, Dach, Trockenmauer
Christrose *Helleborus niger*	Dezember – März weißrosa	10 – 30 cm; Wege, Plätze, Trockenmauer
Echte Hauswurz *Sempervivum tectorum*	Juli – September rot	bis 50 cm; Steingarten, Dach, Trockenmauer

Deutscher Name Botanischer Name	Blütezeit Blütenfarbe	Wuchshöhe Standort
Felsen-Gelbstern *Gagea bohemica*	März – April gelb	bis 10 cm; Wege, Plätze, Dach, Treppen, Trockenmauer
Gelber Lerchensporn *Corydalis lutea*	April – Mai gelb	10 – 40 cm; Wege, Plätze, Dach, Treppen, Trockenmauer
Gewöhnliche Kugelblume *Globularia punctata*	Mai – Juni violett	bis 30 cm; Trockenmauer, Dach
Gewöhnlicher Thymian *Thymus pulegioides*	Juni – Oktober rosa	5 – 20 cm; Wege, Steingarten, Dach, Trockenmauer
Golddistel *Carlina vulgaris*	Juli – September gelb	15 – 40 cm; Wege, Plätze, Steingarten, Dach
Große Traubenhyazinthe *Muscari racemosum*	April – Juni blau	10 – 20 cm; Wege, Plätze, Steingarten, Dach
Kaukasus-Fetthenne *Sedum spurium*	Juli – August lilarosa	bis 20 cm; Wege, Steingarten, Trockenmauer, Dach
Kriechendes Fingerkraut *Potentilla reptans*	Juni – August gelb	5 – 20 cm; Wege, Plätze, Dach
Moschus-Malve *Malva moschata*	Juni – Oktober weißlila	30 – 80 cm; Wege, Steingarten
Quirlblütiger Salbei *Salvia verticillata*	Juni – September violett	20 – 60 cm; Steingarten, Dach
Rundblättrige Glockenblume *Campanula rotundifolia*	Juni – Oktober blau	10 – 40 cm; Wege, Plätze, Dach, Trockenmauer

Deutscher Name Botanischer Name	Blütezeit Blütenfarbe	Wuchshöhe Standort
Sand-Thymian *Thymus serpyllum*	Mai – Oktober rosa	10 – 30 cm; Wege, Steingarten, Dach, Trockenmauer
Sand-Wicke *Vicia lathyroides*	April – Juni violett	5 – 20 cm; Steingarten, Dach
Weg-Malve *Malva neglecta*	Juni – Oktober rosa	10 – 40 cm; Wege, Plätze Trockenmauer
Weißer Alpen-Mohn *Papaver sendtneri*	Juli – August weiß	bis 15 cm; Wege, Plätze, Steingarten
Wilder Majoran *Origanum vulgare*	Juli – September rosa	20 – 80 cm; Wege, Plätze, Dach, Steingarten

Lebendige Bauwerke aus Weiden

Die frühblühende Weide ist nach der langen Winterzeit eine der wichtigsten Nahrungspflanzen für hungrige Insekten. Noch bevor es Frühling wird, breiten sich ihre Blütenkätzchen alljährlich in den noch unbelaubten Zweigen aus, und wenn sie ihr reichhaltiges Büfett aus Pollen und Nektar eröffnen, fliegen Hummeln und Bienen aus allen Himmelsrichtungen herbei, um sich zu beköstigen.

Weiden kommen in den unterschiedlichsten Baumformen oder Strauchformen vor allem an feuchteren Standorten wie Flussufern oder Auwäldern vor. Als Gartengehölze galten sie früher als ungeeignet, denn je nach Art kann sich eine frei wachsende Weide in einigen Jahren zu einem stattlichen Baum von dreißig Meter

Höhe entwickeln. Bedingt durch ihre enorme Wuchskraft und die Möglichkeit, sie über Stecklinge leicht zu vermehren, erlangte die Weide in den letzten Jahren aber eine völlig neue Bedeutung für unsere Gärten, indem ihre frisch geschnittenen Zweige vielfach als kreatives Baumaterial genutzt werden. Nach individuellen Vorstellungen geformt, gebogen und geschnitten, kann aus diesen schon nach kurzer Zeit ein lebender Zaun, ein Spielhaus für unsere Kinder, ein schattenspendender Pavillon oder ein grüner Tunnel entstehen.

Weidenstecklinge wurzeln am besten, wenn man sie in der Zeit von Anfang März bis Mitte Mai möglichst tief – etwa 50 Zentimeter – in den Boden bringt. In der Anfangszeit müssen sie so lange feucht gehalten werden, bis sie gut antreiben und lange Ruten bilden, die dann je nach Wunsch mit Leithilfen verbunden, verflochten oder zurückgeschnitten werden können.

Die Erntezeit für Weidenstecklinge beginnt im November nach dem Laubfall und sollte Anfang März beendet sein, also bevor die Brutzeit der Vögel beginnt. Da man im Winter geerntete Weidenabschnitte nicht sofort in den Boden setzen kann, müssen sie bis zur Pflanzzeit möglichst in einem dunklen, feuchten Keller frisch gehalten werden. Man kann sie aber auch in anderen frostfreien Räumen lagern. Die Weidenzweige werden während ihrer Lagerzeit gebündelt, mit alten Kartoffelsäcken oder ähnlichem Material bedeckt und von Zeit zu Zeit an den Schnittstellen etwas angefeuchtet.

Formschnitt und Pflegeschnitt

Lebende Bauwerke aus Weiden müssen immer wieder geschnitten werden, damit sie ein dichtes Blattwerk und die gewünschte Form erhalten. Dabei werden die stärkeren Triebe am besten während der Vegetationsruhe zurückgeschnitten. Kleinere Weidenruten mit allzu üppigem Wachstum können Sie auch den ganzen Sommer über kürzen. Die Weiden behalten so ihre Wuchskraft und gleichzeitig kommen im Frühjahr dann auch ihre Kätzchen zur Blüte, die willkommene Nahrungsquellen für nektarsuchende Insekten sind.

Für Weidenbauten geeignete Weiden

Deutscher Name	Botanischer Name	Blütezeit
Dotter-Weide	*Salix alba subsp. vitellina*	März – Mai
Korb-Weide	*Salix viminalis*	März – April
Mandel-Weide	*Salix triandra*	März – Juni
Purpur-Weide	*Salix purpurea*	März – April
Reif-Weide	*Salix daphnoides*	März – April
Silber-Weide	*Salix alba*	März – Mai

Begrünte Mauern und Fassaden

Haus, Schuppen, Garage, Pergola oder Carport werden lebendiger durch Kletterpflanzen. Der grüne Blattschmuck ist eine Wohltat für unsere Augen. Er bietet Singvögeln Nistplätze und Verstecke, und seine Blüten und Früchte sind begehrte Futterquellen für Hummeln, Bienen und andere nützliche Insekten.

Manchen Hausbesitzer hält die Furcht vor Beschädigungen von einer Hausbegrünung ab. Doch wenn Putz und Mauerwerk intakt sind, gibt es für solche Bedenken keinen Anlass. Kletterpflanzen machen eine Wand auch nicht feucht. Ihre Wurzeln entziehen dem Boden vielmehr Wasser und halten die Sockelbereiche des Mauerwerks trocken. Das dichte Blattwerk der Pflanzen wirkt wie ein Wettermantel, der Witterungseinflüsse wie Hitze, Kälte oder Regen mildert und eine Fassade vor Feuchtigkeit schützt. Kletterpflanzen schaffen ein Luftpolster zwischen Mauer und Blattwerk. Sie erzeugen Sauerstoff, sind Schalldämpfer und Staubfilter, und mit den grünen Senkrechtstartern endet ein Garten auch nicht an der Hauswand. Das hochrankende Grün schafft eine natürliche Verbindung zwischen Wohnbereich und Garten.

Kletterpflanzen bringen Wohnqualität auch in Außenbereiche, wo Beton oder Asphalt das Bild bestimmen und überhaupt nichts wächst. Grau verputzte Mauern, Wellblechgaragen, Müllboxen aus Waschbeton, Elektroschaltkästen, Regenfallrohre, Holz- oder Stahlkonstruktionen warten darauf, begrünt zu werden. Die Ranker, Schlinger oder Kletterer lassen Beton oder Stahl unter ihrem dichten Blätterpelz verschwinden und machen das vormals trostlose Bild lebendig.

Mehrjährige Kletterpflanzen – Fassadenschmuck und Nahrungsquelle für Hummeln und Bienen

Deutscher Name Botanischer Name	Blütezeit Blütenfarbe	Wuchshöhe Standortbedingungen Kletterhilfe erforderlich
Berg-Waldrebe *Clematis montana rubens*	Mai – Juni rosa	3 – 8 m; sonnig bis halbschattig; ja
Blauregen *Wisteria sinensis*	Mai – Juni blauviolett	6 – 12 m; sonnig bis halbschattig; ja
Efeu *Hedera helix*	August – Oktober grün immergrün	bis 25 m; halbschattig bis schattig; nein
Kletter-Hortensie *Hydrangea anomala petiolaris*	Juni – Juli weißgrün	6 – 10 m; sonnig bis halbschattig; empfohlen
Schling-Knöterich *Polygonum aubertii*	Juli – Oktober weiß	bis 20 m; sonnig bis schattig; ja
Wald-Geißblatt *Lonicera periclymenum*	Juni – August weißrosa	bis 5 m; sonnig bis halbschattig; ja
Waldrebe *Clematis vitalba*	Mai – Juni weiß	2 – 12 m; sonnig bis halbschattig; ja
Wilder Wein *Parthenocissus tricuspidata*	Juni – Juli gelbgrün	bis 20 m; sonnig bis halbschattig; nein
Winter-Jasmin *Jasminum nudiflorum*	Januar – März hellgelb	bis 4 m; sonnig bis halbschattig; ja

Küchenkräuter und Gewürzkräuter

Küchenkräuter, Gewürzkräuter und Heilkräuter wurden von Menschen in allen Kulturen und zu allen Zeiten genutzt, um Krankheiten zu lindern und den Geschmack von Speisen zu verfeinern. In vielen Fällen zunächst von Mönchen hinter mittelalterlichen Klostermauern gepflanzt, fanden die verschiedenen Kräuterpflanzen später ihren Weg in die traditionellen Bauerngärten. Heute erleben sie eine Renaissance: Sie werden in Gartencentern oder von Versandgärtnereien angeboten und man hat die Möglichkeit, sie auch in einem Kleinstgarten, zum Beispiel in Form einer Kräuterspirale oder im Blumenkasten am Balkongeländer, anzubauen. Fast alle Küchenkräuter und Gewürzkräuter sind beliebte Nahrungspflanzen für Bienen, Hummeln oder Schmetterlinge. Bei der Kräuterernte sollte immer nur ein Teil der im Frühjahr üppig treibenden Blätter und Blütenstände abgeschnitten werden, denn nur wenn die Pflanzen zur Blüte kommen, werden die hungrigen Nektar- und Pollensammler angelockt.

Blühende Kräuter für Hummeln

Deutscher Name Botanischer Name	Wuchshöhe	Standortbedingungen
Beinwell *Symphytum officinale*	30 – 100 cm	sonnig / halbschattig, feucht, humos
Berg-Bohnenkraut *Satureja montana*	bis 30 cm	sonnig, trocken
Borretsch *Borago officinalis*	60 – 100 cm	sonnig / halbschattig, feucht
Echter Lavendel *Lavandula angustifolia*	40 – 60 cm	sonnig, trocken, durchlässiger Boden
Echter Salbei *Salvia officinalis*	40 – 70 cm	sonnig / halbschattig, trocken, durchlässiger Boden

Deutscher Name Botanischer Name	Wuchshöhe	Standortbedingungen
Echter Thymian *Thymus vulgaris*	bis 30 cm	sonnig, trocken, sandiger Boden
Garten-Bohnenkraut *Satureja hortensis*	bis 30 cm	sonnig, trocken
Majoran *Origanum majorana*	40 – 60 cm	sonnig, sandiger Boden / humos
Schnittlauch *Allium schoenoprasum*	10 – 20 cm	sonnig / halbschattig, feucht, sandiger Boden
Ysop *Hyssopus officinalis*	40 – 60 cm	sonnig, trocken, kalkhaltiger Sandboden
Zitronenmelisse *Melissa officinalis*	60 – 100 cm	sonnig, humusreicher, durchlässiger Boden, gegebenenfalls Winterschutz erforderlich

Hummeln im herbstlichen Garten

Ackerhummeln, Steinhummeln oder Dunkle Erdhummeln sind oft noch im Oktober unterwegs, um Nahrung zu sammeln, und dabei auf spätblühende Trachtpflanzen im Garten besonders angewiesen. Nach den zu dieser Zeit bereits kalten Nächten brauchen die Insekten länger als im Sommer, um wieder in Bewegung zu kommen. Sie sitzen apathisch auf Blüten oder Blättern, ihr Haarpelz ist feucht vom Nachttau und sie warten auf die Sonne, die sie trocknen und wärmen wird. Sobald die Sonne höher steht, erwachen die Hummeln aus ihrer Apathie und beginnen mit ihren Sammelflügen. Auch hierbei wirken sie nicht mehr so emsig wie in den Sommermonaten und man kann sie jetzt sehr gut beobachten und dabei zum Beispiel Rückschlüsse auf das Geschlecht des beobachteten Tieres ziehen: Bei Hummeln normaler Größe, die sich nur auf Blüten aufhalten und keine Pollen sammeln, handelt es sich möglicherweise um Drohnen, die sich noch einmal ausgiebig mit Blütennektar beköstigen, bevor sie sterben. Hummeln in Normalgröße, die zu dieser späten Jahreszeit noch Pollen sammeln, sind Arbeiterinnen, die immer noch für die Ernährung ihres Volkes sorgen, obwohl es mit ihm und auch mit ihnen bald zu Ende gehen wird. Bei einer Hummel, die deutlich größer als andere ist, haben wir es sicherlich mit einer Königin zu tun, die bald in ihrem Winterversteck verschwinden wird und sich zuvor noch einmal mit Nektar und Pollen stärkt.

Spätblühende Hummelblumen

Deutscher Name Botanischer Name	Blütezeit Blütenfarbe	Standort Bodenansprüche
Acker-Löwenmaul *Antirrhinum orontium*	Juli – Oktober rosarot	sonnig, halbschattig, an Wegen, vor Hecken; eher anspruchslos
Deutscher Enzian *Gentiana germanica*	Mai – Oktober violett	sonnig, Steingarten, Trockenwiese; mager

Deutscher Name Botanischer Name	Blütezeit Blütenfarbe	Standort Bodenansprüche
Europäisches Alpenveilchen *Cyclamen purpurascens*	Juni – November rotviolett	halbschattig, schattig, unter Bäumen, vor Hecken; frischhumos, auch kalkhaltig
Glatte Aster *Aster laevis*	August – November blauviolett	sonnig, Wildblumenbeet; locker, humos
Herbst-Blaustern *Scilla autumnalis*	September – November rotblau	sonnig, halbschattig, Blumenwiese, unter Bäumen, vor Hecken; eher anspruchslos
Kanarische Kapuzinerkresse *Tropaeolum peregrinum*	Juni – Oktober vielfältig	sonnig, halbschattig, an Zäunen, Klettergerüsten; locker, humos (Heimat: Chile/Mexiko)
Neubelgische Aster *Aster novi-belgii*	August – November lila	sonnig, Wildblumenbeet; locker, humos
Neuenglische Aster *Aster novae-angliae*	September – November blauviolett	sonnig, Wildblumenbeet; locker, humos
Rundblättrige Glockenblume *Campanula rotundifolia*	Juni – Oktober blau	sonnig, Trockenwiese; sandig, mager
Safrankrokus *Crocus sativus*	September – November blauviolett	sonnig, halbschattig, Blumenwiese; feucht, nährstoffreich
Silberdistel *Carlina acaulis*	Juli – September strohgelb	sonnig, Trockenwiese, Steingarten; trocken, durchlässig

Der Hummelgarten auf Terrasse und Balkon

Beinahe alle Balkone oder Terrassen können zu Kleinstgärten werden, die nach den gleichen jahreszeitlichen Gesetzen funktionieren wie jeder andere Garten. Dabei ist es egal, ob sie auf dem Land oder im zehnten Stockwerk eines Hochhauses mitten in einer Großstadt liegen. Wenn man sich mit den Möglichkeiten, einen Balkon oder eine Terrasse zu bepflanzen, näher befasst, wird man erstaunt sein, wie viele Gewächse in Gefäßen aller Art gedeihen können. Zudem wird man erkennen, dass ein Balkongarten oder ein Terrassengarten überhaupt nicht eintönig sein muss. Er lässt sich als Gemüse-, Obst- oder Kletterpflanzengarten gestalten und bietet sogar Platz für eine kleine Blumenwiese.

Gleichzeitig können die blühenden Gewächse auf dem Balkon oder der Terrasse zu einem Treffpunkt für nektar- und pollensuchende Insekten werden, an dem man Hummeln, Honigbienen oder Schmetterlinge gebührenfrei bewundern kann.

Klassische Balkonpflanzen wie Petunien oder Geranien stehen bei nektarsuchenden Insekten auf der Beliebtheitsskala allerdings ganz weit unten. Das heißt natürlich nicht, dass man zugunsten der Insekten ganz auf sie verzichten muss. Bei einer überlegten Auswahl können opulent blühende Zierpflanzen, Gemüse, Kräuter und sogar Obstbäume einträchtig nebeneinander gedeihen, sodass der Balkon zu einer Naturoase wird, in der es zu allen Jahreszeiten immer etwas zu ernten oder zu bestaunen gibt.

Wildblumentopf

Für eine Miniaturblumenwiese auf dem Balkon brauchen Sie ein größeres Pflanzgefäß mit Löchern im Boden, das mit einem Gemisch aus Sand und nährstoffarmer Erde gefüllt wird. Das Saatgut, eine bunte Mischung bekannter Wildblumenarten wie Klatschmohn, Kornblume, Färberkamille oder Margerite, erhalten Sie in Gartencentern oder anderen Fachgeschäften. Die Samen werden von April bis Juni etwa einen Zentimeter tief eingesät und müssen dann ständig feucht gehalten werden. Nach etwa zwei Wochen beginnen die Samen zu

Wildblumen blühen auch im Topf auf Balkon und Terrasse.

keimen. Nach weiteren zwei Wochen blühen die ersten Blumen und das bunte Blütenbild auf dem Balkon wandelt sich von Monat zu Monat bis in den Herbst hinein. Fast automatisch entsteht so eine kleine Oase für Flora und Fauna mit ungewohnten Farbspielen und Landeplätzen für nektarsuchende Hummeln, Wildbienen oder Schmetterlinge. Der richtige Platz für die Miniaturblumenwiese auf dem Balkon oder der Terrasse ist überall dort, wo es windgeschützt und überwiegend sonnig ist. Alternativ zum Aussäen von Wiesenblumen-Mischungen aus Tütchen können Sie Wildpflanzen, die auf Trockenwiesen gedeihen, auch gezielt einsetzen. Geeignete Arten finden Sie in der Tabelle auf Seite 124.

Blühende Obstgehölze in Kübeln

Viele Spezialgärtnereien und Baumschulen bieten reiche Sortimente an Obstgehölzen für Terrassen und Balkone mit ihrem beschränkten Platzangebot. Es gibt kleinwüchsige Apfel-, Birn-, Pflaumen-, Zwetschen- oder Pfirsichbäume und ebenso Johannisbeer- oder Stachelbeerarten, die als Hochstämmchen gezüchtet werden und sich so für Balkonverhältnisse eignen.

Diese schwachwüchsigen Obstgehölze bilden keine ausladenden Seitentriebe und brauchen deshalb keinen großen Abstand voneinander. Auch unter den kletternden Sträuchern wie Brombeere oder Himbeere findet man schwachwüchsige Sorten, deren rutenförmige Triebe man an Drähten in die gewünschte Richtung leiten kann.

Zudem gibt es auch Apfelsorten oder Birnensorten, die sich für Obstbaumspaliere auf dem Balkon oder der Terrasse eignen. Solche Spaliergehölze brauchen etwas stabilere Leithilfen – zum Beispiel Holzlatten oder Spanndrähte – und entwickeln im Lauf der Jahre sehr dekorative Wuchsformen.

Kletterpflanzen

Im Gegensatz zur Fassadenbegrünung eines Hauses geht es bei der Begrünung von Balkonen oder Terrassen eher um »kleine Lösungen«, zum Beispiel, wenn man eine Stellwand oder eine hässliche Vordachkonstruktion mit Kletterpflanzen verkleiden möchte. Hierfür eignen sich vor allem einjährige Arten wie Flaschen-Kürbis *(Lagenaria siceraria)*, Feuerbohne *(Phaseolus coccineus)* oder Glockenrebe *(Cobaea scandens)*. Diese Pflanzen benötigen nur leichte Leithilfen wie Drähte oder Bambusstäbe. Sie werden ausgesät, sobald keine Frostgefahr mehr besteht. Auf den Samentütchen findet man entsprechende Kulturhinweise, sodass die Anzucht keine Schwierigkeiten bereitet.

Kräuter und Gemüse

Küchenkräuter und Gewürzkräuter lassen sich gut in Behältern auf dem Balkon oder auch im Blumenkasten am Fenstersims ziehen. Fast alle diese Pflanzen sind ausgezeichnete Nahrungsquellen für Hummeln, Bienen oder Schmetterlinge. Geeignete Kräuter und Gemüse sind zum Beispiel Echter Salbei *(Salvia officinalis)*, Borretsch *(Borago officinalis)*, Schnittlauch *(Allium schoenoprasum)*, Fenchel *(Foeniculum vulgare)*, Echter Kümmel *(Carum carvi)*, Echter Lavendel *(Lavandula angustifolia)*, Ysop *(Hyssopus officinalis)* oder Zitronenmelisse *(Melissa officinalis)*.

Bei der Kräuterernte sollte jeweils nur ein Teil der im Frühjahr üppig treibenden Blätter und Blütenstängel abgeschnitten werden, denn nur wenn die Pflanzen zur Blüte kommen, werden Hummeln und andere Nektar- und Pollensammler angelockt. Das Gleiche gilt auch für Gemüsepflanzen wie Lauch oder Küchenzwiebeln, die von den nektar- und pollensammelnden Insekten nur dann besucht werden, wenn man einige Pflanzen bis zur Blüte stehen lässt.

Pflanzgefäße mit blühenden Küchenkräutern und Gewürzkräutern sehen attraktiv aus und locken Hummeln, Bienen und Schmetterlinge auf den Balkon.

Kleine Hilfen für Hummeln

Mitunter findet man eine Hummel vor Kälte erstarrt auf einem Gehweg sitzen. Wenn man sie vorsichtig in die hohle Hand nimmt und durch Anhauchen etwas erwärmt, ist sie bald wieder flugbereit. Eine Hummel, die nach einem Platzregen völlig durchnässt am Boden sitzt, trocknet schneller, wenn man sie auf eine gefaltete Papierserviette oder ein paar Lagen Küchenpapier setzt. Zur Stärkung kann man dem erschöpften Tierchen noch etwas Zuckerwasser in einem Kronenkorken oder einem ähnlichen flachen Behältnis anbieten.

Hummeln auf Irrwegen

Hummeln, die sich im Haus verirrt haben, kann man mit den hohlen Händen fangen (nicht drücken!) und dann schnell nach draußen bringen. Wer sich das nicht zutraut, nimmt ein leeres Glas, setzt es umgedreht über die sitzende Hummel und schiebt ein Stückchen Pappe unter. Das Insekt lässt sich dann problemlos ins Freie transportieren.

Erschöpfte Hummeln unter Linden

Unter spätblühenden Lindenarten, wie Krimlinde oder Silberlinde, findet man mitunter größere Ansammlungen von Hummeln, die entweder tot oder so geschwächt sind, dass sie sich nicht mehr fortbewegen können. Lange Zeit stand die für Bienen und Hummeln unverdauliche Zuckerart Mannose im Verdacht, für dieses Hummelsterben verantwortlich zu sein.

Neuere Laboruntersuchungen ergaben aber, dass Mannose überhaupt nicht im Nektar der Linden enthalten ist und die verendeten oder erschöpften Hummeln sehr geringe Zuckergehalte im Körper haben. Da sich Hummeln im Gegensatz zu Honigbienen weder gegenseitig über geeignete Trachtquellen informieren noch kurzfristig lernen, andere Nahrungsquellen in der Nähe der Linden zu nutzen, besuchen sie offensichtlich immer wieder die gleichen, bereits ausgebeuteten Lindenblüten. Dabei verbrauchen sie so viel Energie, dass sie schließlich völlig erschöpft sind oder zugrunde gehen. Wenn man direkt vor den geschwächten Hummeln etwas Zuckerwasser auf den Boden tropfen lässt, sodass sie es mit ihren Rüsseln aufsaugen können, sind sie bald wieder flugbereit.

Wenn Hummeln ungewöhnliche Nistplätze beziehen

... in Gebäuden

Es kommt vor, dass Hummeln ihre Nester an Plätzen errichten, wo man es sich nicht gerade wünscht. Wenn es sich dabei um Vogelnistkästen, eine gefaltete Abdeckplane oder eine alte Regenjacke im Schuppen handelt, ist das sicher kein Problem. Hummeln haben eben eigene Vorstellungen von ihrer Kinderstube und ignorieren dabei möglicherweise sogar den teuren Nistkasten, den wir extra für sie gekauft haben.

Hummelnester am oder im Haus wird man schon etwas kritischer betrachten. Wenn Hummeln ständig unter Dachziegeln oder durch Lüftungsschlitze im Mauerwerk ins Haus einfliegen, liegt hinter der Öffnung in der Regel ihr Nest. Befindet sich die Niststätte in einem nicht ausgebauten Dachstuhl oder in einer Abstellkammer, wird man sie sicher tolerieren. Die Tiere beschädigen mit ihrem Nestbau weder die Isolierung noch die Dachkonstruktion und sie nutzen diese Kinderstube ohnehin nur einen Sommer lang. Hummeln zernagen auch keine Balken am Haus, wie immer wieder behauptet wird. Wenn Hummeln ihr Nest in einem Balken errichten, ist das vielmehr ein Hinweis darauf, dass dieser innen morsch oder hohl ist, und man erneuert ihn am besten, sobald die Hummeln gestorben sind. Rollladenkästen über Fenstern oder Eingangstüren sind ebenfalls beliebte Nistplätze für manche Hummelarten. Schlimmstenfalls ist es dann so, dass man das Rollo nicht mehr herunterlassen oder hochziehen kann. Es kann auch passieren, dass sich die Hummeln durch ständiges Hochziehen oder Herunterlassen des Rollos gestört fühlen und aggressiv werden, wenn es sich zum Beispiel um Baumhummeln handelt. Als Naturfreund wird man in solchen Fällen sicher zu Kompromissen bereit sein und nach einer hummelfreundlichen Lösung suchen.

Anders verhält es sich, wenn im Haus Personen leben, die sich durch die Hummeln über der Haustür bedroht fühlen oder allergisch auf Insektenstiche reagieren. In solchen Fällen wendet man sich am besten an das Umweltamt der Stadt oder Gemeinde oder an einen Imker in der Nähe. Ein Experte kann das Hummelvolk in einen speziellen Kasten umquartieren und an einer besser geeigneten Stelle wieder ansiedeln.

... auf Kinderspielplätzen

Spielende Kinder, die in Privatgärten oder Kindergärten auf einer Wiese herumrennen, versetzen ein Hummelvolk, das dort sein unterirdisches Nest errichtet hat, mitunter in Aufregung. Die Hummeln umschwirren die Kinder und es gibt immer wieder Leute, die das »Problem« dann sofort mit dem Spaten beseitigen wollen. Mit solch einem Tun verhält man sich aber nicht nur gesetzwidrig (in Deutschland sind Hummeln neben Wildbienen und Hornissen durch das Bundesnaturschutzgesetz geschützt), sondern demonstriert den Kindern auch ein fragwürdiges Verhalten, Lebewesen, die man nicht richtig kennt und die einem nicht geheuer erscheinen, am besten zu vernichten. Man sollte in diesem Fall erst einmal in Ruhe überlegen, ob wirklich eine Gefahr von den Hummeln ausgeht. Im Zweifelsfall wendet man sich an die örtliche Naturschutzbehörde oder einen erfahrenen Hummelfreund, der zunächst feststellen wird, um welche Hummelart es sich überhaupt handelt, und dann auch weiß, wie das Problem naturfreundlich zu lösen ist.

Hummelfotografie

Zum Fotografieren von Hummeln und anderen Insekten empfiehlt sich eine »sehende« Kamera, eine einäugige Spiegelreflexkamera, die uns im Sucher genau über den Bildaufbau, die Bildbegrenzung und die Schärfeverteilung informiert. Dabei spielt es keine Rolle, ob es sich um eine herkömmliche analoge oder eine heute gebräuchliche digitale Spiegelreflexkamera handelt. Das Herzstück der »sehenden« Kamera sind auswechselbare Objektive für die unterschiedlichsten fotografischen Ziele. Um Hummeln und andere Kleintiere möglichst groß ins Bild zu bringen, verwendet man am besten ein Makroobjektiv (Brennweite 100 Millimeter), gegebenenfalls auch Zwischenringe oder ein Balgengerät (eine ausziehbare Verbindung zwischen Objektiv und Gehäuse).

Wer sich schon einmal näher mit der Insektenfotografie befasst hat, kennt die Probleme, die sich hierbei oft aus der geringen Schärfentiefe ergeben. Je größer man ein Kleintier abbilden möchte, desto mehr versinken die Bereiche um die Bildmitte herum in Unschärfe. Deshalb versucht man in der Regel, den schmalen Schärfenbereich durch eine kleine Blendenöffnung zu erweitern. Gleichzeitig verlängert sich dadurch die Verschlusszeit der Kamera und da die Tierchen bei der Insektenfotografie ständig in Bewegung sind, besteht nun die Gefahr, dass das Bild verwackelt. Damit schnelle Bewegungen mit kleiner Blende und kurzer Verschlusszeit »eingefroren« werden, kann man bei der Insektenfotografie auf eine zusätzliche Lichtquelle in Form eines Blitzgerätes eigentlich nicht verzichten.

Moderne analoge oder digitale Spiegelreflexkameras haben häufig eingebaute TTL-Blitze (trough the lens). Hierbei wird die Blendenfunktion automatisch geregelt, und über das TTL-Gerät schaltet sich die optimale Blitzmenge hinzu. Solche Blitzgeräte vereinfachen zwar das Fotografieren, führen aber nicht unbedingt zu befriedigenden Ergebnissen. Auch Ringblitze, in Form einer kreisrunden Lichtquelle um die Linse, haben ihre guten und schlechten Seiten. Sie leuchten das Motiv zwar sehr gleichmäßig, dadurch aber auch recht monoton wirkend, aus.

Wer sich ernsthaft mit dem Fotografieren von Kleintieren befassen möchte, sollte es vielleicht zunächst einmal mit zwei kleinen Batterieblitzen versuchen, die auf einer Metallschiene rechts und links neben der Optik angebracht sind. Die Blitze sitzen auf beweglichen Kugelgelenken und lassen sich zudem auf der Metallschiene hin und her schieben. So kann ein Blitz zum Beispiel den Hintergrund ausleuchten, während der andere direkt auf das Motiv gerichtet ist. Die richtige Blende hat man nach einigen Probeaufnahmen schnell ermittelt. Letztendlich ist die Insektenfotografie ein Fall für experimentierfreudige Gemüter und jeder, der sich näher damit befasst, wird nach und nach seine eigene Arbeitsmethode finden.

Der Autor

Wolf Richard Günzel ist Autor und Naturfotograf. Seit 1982 veröffentlicht er Reiseberichte und Artikel aus dem Ökologiebereich mit eigenen Naturfotografien in »Rheinischer Merkur«, »FAZ«, »Der Spiegel«, »Kosmos«, »Das Tier«, »Wild und Hund«, »Mein schöner Garten«, »Aqua-Geo« oder »Gartenteich-Magazin«.

Aus seiner Feder stammen bereits mehrere Bücher, neben belletristischen Werken auch Sachbücher aus dem Umwelt- und Naturbereich.

Gemeinsam mit seiner Frau zog Wolf Richard Günzel im Jahre 2003 vom Rheinland in die Oberlausitz.

Im pala-verlag sind von ihm außer diesem Buch die Titel »Lebensräume schaffen« (2006), »Das Insektenhotel« (2007), »Der igelfreundliche Garten« (2008), »Das Wildbienenhotel« (2008) und »Lebensraum Gartenteich« (2009) erschienen.

Anhang

Zum Weiterlesen

Einige der genannten Titel sind derzeit nur antiquarisch erhältlich.
Fragen Sie auch in Bibliotheken und Büchereien danach.

- Bell, Graham: **Der Permakultur-Garten.**
  Anbau in Harmonie mit der Natur; pala-verlag

- Bellmann, Heiko: **Bienen, Wespen, Ameisen.**
  Hautflügler Mitteleuropas; Franckh-Kosmos Verlag

- Berling, Rainer: **Nützlinge und Schädlinge im Garten;** BLV Verlag

- Burnie, David (Hrsg.): **Tiere. Die große Bild-Enzyklopädie;**
  Dorling Kindersley Verlag

- Buttschardt, Tillmann K.:
  Extensive Dachbegrünungen und
  Naturschutz; Verlag Universität Karlsruhe

- Chinery, Michael: **Pareys Buch der Insekten;** Franckh-Kosmos Verlag

- Colditz, Gabriele: **Nützlinge und Schädlinge.**
  Tiere als Helfer im Ökosystem Garten; Naturbuch Verlag

- David, Werner: **Lebensraum Totholz.**
  Gestaltung und Naturschutz im Garten; pala-verlag

- David, Werner: **Von Fallenstellern und Liebesschwindlern.**
  Begegnungen im Naturgarten; pala-verlag

- Godet, Jean-Denis: **Einheimische Bäume und Sträucher;**
  Verlag Eugen Ulmer

- Godet, Jean-Denis: **Wiesenpflanzen.**
  Blumen der Fett- und Trockenwiesen, Äcker und Weinberge;
  Verlag Thalacker Medien

- Günther, K. / Hannemann, H.-J. / Hieke, F. / Königsmann, E. /
  Schumann, H.: **Urania Tierreich. Insekten;** Urania Verlag

- Günzel, Wolf Richard: **Das Insektenhotel. Naturschutz erleben. Bauanleitungen • Tierporträts • Gartentipps;** pala-verlag

- Günzel, Wolf Richard: **Das Wildbienenhotel. Naturschutz im Garten;** pala-verlag

- Günzel, Wolf Richard: **Der igelfreundliche Garten. So machen Sie Ihren Garten zum Paradies (nicht nur) für Igel;** pala-verlag

- Günzel, Wolf Richard: **Lebensraum Gartenteich. Gartengewässer naturnah gestalten. Bauanleitungen • Bepflanzung • Tierporträts;** pala-verlag

- Günzel, Wolf Richard: **Lebensräume schaffen. Wildtiere in Haus und Garten;** pala-verlag

- Heinrich, Bernd: **Der Hummelstaat. Überlebensstrategien einer uralten Tierart;** List Verlag

- Hennig, Wolfgang / Hennig, Willi: **Taschenbuch der speziellen Zoologie. Wirbellose, Bd. I und II;** Gustav Fischer Verlag

- Hintermeier, Helmut und Margit: **Bienen, Hummeln, Wespen im Garten und in der Landschaft;** Obst- und Gartenbauverlag

- Jacobi, Karlheinz: **Balkon und Terrasse;** BLV Buchverlag

- Kleber, Eduard W. / Kleber, Gerda: **Gärtnern im Biotop Mensch. Das praktische Biogarten-Handbuch für ein zukunftsfähiges Leben;** OLV Organischer Landbau Verlag

- Kleeberg, Jürgen: **Häuser begrünen. Grüne Wände und Fassaden;** Verlag Eugen Ulmer

- Line, Les / Milne, Lorus / Milne, Margery: **Die Wunderwelt der Insekten;** Ringier Verlag

- Lohrer, Thomas: **Marienkäfer, Glühwürmchen, Florfliege & Co. Nützlinge im Garten. Biologie • Ökologie • Pflanzenschutz;** pala-verlag

- Mauss, Volker / Schindler, Matthias: **Heimische Bienen und Wespen.** Ein Leitfaden für regionale Artenschutzprojekte; Galunder

- Nuridsany, Claude / Perennou, Marie: **Mikrokosmos.** Das Volk in den Gräsern; Scherz Verlag

- Oberholzer, Alex / Lässer, Lore: **Ein Garten für Tiere.** Erlebnisraum Naturgarten; Verlag Eugen Ulmer

- Röseler, Peter-Frank: **Der Hummelgarten.** Lebensraum und Biologie der Hummeln; Triga Verlag

- von Hagen, Eberhard / Aichhorn, Ambros / Mauss, Volker: **Hummeln bestimmen, ansiedeln, vermehren, schützen;** Fauna Verlag

- Westrich, Paul: **Die Wildbienen Baden-Württembergs;** Verlag Eugen Ulmer

- Witt, Reinhard: **Naturoase Wildgarten.** Überlebensraum für unsere Pflanzen und Tiere; BLV Buchverlag

- Witt, Reinhard: **Wildpflanzen für jeden Garten.** 1000 heimische Blumen, Stauden und Sträucher; BLV Buchverlag

- Witte, Günter R. / Seger, Juliane: **Hummeln brauchen blühendes Land;** Westarp Wissenschaften

- Zahradnik, Jiri / J. Ostmeyer: **Der Kosmos-Insektenführer;** Franckh-Kosmos Verlag

Internet

www.bluehende-landschaft.de
www.mellifera.de
Netzwerk Blühende Landschaft
Informationen über Bienentrachtpflanzen, Tipps für Hausgärten

www.naturgarten.org
Naturgarten e. V.
Verein für naturnahe Garten- und Landschaftsgestaltung
Informationen rund um den Naturgarten, mit Bezugsquellen für
einheimische Wildstauden, Sträucher und Samen

www.aktion-hummelschutz.de
Trachtpflanzenliste, Informationen für Nistplatzangebote

www.hummeln.de
www.hymenoptera.de
Nisthilfen für Hummeln, ökologische Voraussetzungen

www.wildbienen.de
Vorstellung der Arten mit Fotos

www.bombus.de
Informationen zu Hummelarten, Schutz, Gefährdung

www.hornissen-hummeln.de
Hornissenschutz, Hummelschutz

www.insektenstaaten.de
Allgemeine Informationen, Erfahrungsberichte von Hummelfreunden

www.hummelfreund.com
Ansiedlung, Baupläne für Hummelkästen

Bezugsquellen

Hummelnistkästen, Polsterwolle, Baumaterial und Nützliches für den Garten

Schwegler Vogel- und
Naturschutzprodukte GmbH
Heinkelstraße 35
73614 Schorndorf
www.schwegler-natur.de

Naturschutzbedarf Strobel
Fachhandel und -beratung
Fa. Pröhl
Nitzschkaer Straße 29
04626 Schmölln OT Kummer
www.naturschutzbedarf-strobel.de

Dipl.-Ing. Klaus Hasselfeldt
Artenschutz
Hauptstraße 86 a
24869 Dörpstedt / Bünge
www.hasselfeldt-naturschutz.de

wildbiene.com
Volker Fockenberg
Heimersfeld 77
46244 Kirchhellen
www.wildbiene.com

bienenhotel.de
J.-Christoph Kornmilch
Drosselweg 9
18057 Rostock
www.bienenhotel.de

Harry Abraham
abraham@uni-duesseldorf.de

Keller GmbH & Co. KG
Konradstraße 17
79100 Freiburg
www.biokeller.de

Manufactum GmbH & Co. KG
Hiberniastraße 5
45731 Waltrop
www.manufactum.de

Dachverband Lehm e. V.
Postfach 1172
99409 Weimar
www.dachverband-lehm.de

Versandgärtnereien

Syringa
Duftpflanzen und Kräuter
Bachstraße 7
78247 Hilzingen-Binningen
www.syringa-samen.de

Hof Berg-Garten
Großherrischwand
Lindenweg 17
79737 Herrischried
www.hof-berggarten.de

Bioland Hof Jeebel
Biogartenversand GbR
Jeebel 17
29410 Salzwedel OT Jeebel
www.biogartenversand.de

Kräuter- und
Wildpflanzengärtnerei Strickler
Lochgasse 1
55232 Alzey-Heimersheim
www.gaertnerei-strickler.de

Bio-Saatgut Gaby Krautkrämer
Eulengasse 2
55288 Armsheim
www.bio-saatgut.de

Blauetikett Bornträger GmbH
Postfach 4
67591 Offstein
www.blauetikett.de

Gärtnerei Gaissmayer
Jungviehweide 3
89257 Illertissen
www.gaissmayer.de

Gartenbau Wagner
Gutendorf 36
8353 Kapfenstein
Österreich
www.gartenbauwagner.at

Sativa Rheinau AG
Klosterplatz 1
8462 Rheinau
Schweiz
www.sativa-rheinau.ch

Andermatt Biogarten AG
Stahlermatten 6
6146 Grossdietwil
Schweiz
www.biogarten.ch

Naturgarten e.V. –
Der Verein für naturnahe Garten- und Landschaftsgestaltung

Naturbegeisterte Gartenbesitzer, Biologen, Gartengestalter und Landschaftsarchitekten gründeten 1990 den Verein für naturnahe Garten- und Landschaftsgestaltung (kurz Naturgarten e.V.). Seitdem wird die Naturgartenidee mit viel Tatkraft, Idealismus und Begeisterung weiter entwickelt und hat sich weit über Deutschlands Grenzen hinaus verbreitet.

Einblicke in unsere Vision:

Die Zukunft der Garten- und Landschaftsgestaltung gehört dem naturnahen Grün – nicht nur im privaten Bereich vor der Haustür, sondern genauso in öffentlichen Anlagen: Schulhöfen, Kindergärten, Firmengeländen, Verkehrsgrün ... die Möglichkeiten sind unzählig.

Ein dichtes Netzwerk von Naturoasen mit vielfältig strukturierten Lebensräumen für einheimische Pflanzen und Tiere ermöglicht uns und unseren Kindern durch bewusstes Erleben den Zugang zur Natur.

Wir möchten den Weg vom monotonen Einheitsgrün und exotischen Pflanzungen hin zu vielfältigen, bunten und artenreichen Lebensräumen entscheidend prägen.

Wir sehen uns als Gemeinschaft, in der sich die einzelnen Mitglieder gegenseitig in ihrer Naturgartenarbeit unterstützen und jedem Interessierten Hilfe und Wissen anbietet.
Durch unser persönliches Beispiel möchten wir die Menschen für den verantwortungsbewussten, schonenden Umgang mit allen Ressourcen sensibilisieren.

Der Erfolg unserer Arbeit hängt von jedem einzelnen Mitglied ab. Die kleinen täglichen Beiträge sind mindestens genauso wichtig wie große spektakuläre Aktionen.

Machen Sie mit, teilen Sie unser Miteinander-Leben und Voneinander-Lernen. Egal ob Freizeit-Naturgärtner, Profi-Naturgärtner, Naturschützer, Umweltbeauftragte oder stille Förderer im Hintergrund – wir freuen uns über jedes (neue) Naturgartenmitglied.
Helfen Sie mit, das Netz zu knüpfen. Naturgarten e.V. – ein Netzwerk fürs Leben

Naturgarten e.V.
Bundesgeschäftsstelle
Kernerstr. 64
74076 Heilbronn
Telefon: 07131 / 64 9999 6
E-Mail: geschaeftsstelle@naturgarten.org
Website: www.naturgarten.org

Andere Bücher aus dem pala-verlag

Wolf Richard Günzel:
Lebensraum Gartenteich
ISBN: 978-3-89566-262-1

Werner David:
Lebensraum Totholz
ISBN: 978-3-89566-270-6

Sofie Meys:
Lebensraum Trockenmauer
ISBN: 978-3-89566-249-2

Wolf Richard Günzel:
Lebensräume schaffen
ISBN: 978-3-89566-225-6

Lebensraum Garten

Wolf Richard Günzel:
Das Wildbienenhotel
ISBN: 978-3-89566-244-7

Wolf Richard Günzel:
Der igelfreundliche Garten
ISBN: 978-3-89566-250-8

Brigitte Kleinod:
Das Hochbeet
ISBN: 978-3-89566-261-4

Wolf Richard Günzel:
Das Insektenhotel
ISBN: 978-3-89566-234-8

Nach dem Vorbild der Natur

Thomas Lohrer:
**Marienkäfer, Glühwürmchen,
Florfliege & Co.**
ISBN: 978-3-89566-277-5

Dr. Ralf Klinger:
**Regenwürmer –
Helfer im Garten**
ISBN: 978-3-89566-282-9

Natalie Faßmann:
Auf gute Nachbarschaft
Mischkultur im Garten
ISBN: 978-3-89566-257-7

Dettmer Grünefeld:
Das Mulchbuch
ISBN: 978-3-89566-218-8

Gesamtverzeichnis bei:
pala-verlag, Rheinstraße 35, 64283 Darmstadt, www.pala-verlag.de

ISBN: 978-3-89566-276-8
© 2010: pala-verlag,
Rheinstraße 35, 64283 Darmstadt
www.pala-verlag.de

Alle Rechte vorbehalten
Illustrationen und Umschlaggestaltung: Margret Schneevoigt
Lektorat: Angelika Eckstein

Druck: fgb • freiburger graphische betriebe
www.fgb.de
Printed in Germany

Dieses Buch ist klimaneutral produziert
und auf Papier aus 100 % Recyclingmaterial
gedruckt.